中国海南菜烹饪技艺传承与创新新形态一体化系列教材
"海南省中高职（衔接）海南菜地方特色专业课程标准与教材开发"成果系列教材

总主编　杨铭铎

烹饪
原料知识
（海南版）

PENGREN YUANLIAO ZHISHI
（HAINAN BAN）

主　编　陈胜振　陶文芳　彭华洪

副主编　王　静　苏　鹏　高　颖　苏正养

编　者（按姓氏笔画排序）

王　静　成　浩　苏　鹏　苏正养

李先想　张　亚　陈胜振　陈腊梅

高　颖　陶文芳　黄玲珑　彭华洪

华中科技大学出版社
http://press.hust.edu.cn
中国·武汉

内 容 简 介

本书为中国海南菜烹饪技艺传承与创新新形态一体化系列教材、"海南省中高职（衔接）海南菜地方特色专业课程标准与教材开发"成果系列教材。

本书共分为 8 个项目，内容包括粮食类原料、蔬菜类原料、果品类原料、禽类原料、畜类原料、水产品类原料、干货类原料和调味品类原料。

本书可供海南烹饪类、旅游类、食品类相关专业学生使用，也可供餐饮文化爱好者阅读。

图书在版编目(CIP)数据

烹饪原料知识：海南版/陈胜振，陶文芳，彭华洪主编. —武汉：华中科技大学出版社，2023.7
ISBN 978-7-5680-9794-9

Ⅰ.①烹⋯　Ⅱ.①陈⋯　②陶⋯　③彭⋯　Ⅲ.①烹饪-原料-职业教育-教材　Ⅳ.①TS972.111

中国国家版本馆 CIP 数据核字(2023)第 136112 号

烹饪原料知识（海南版）

Pengren Yuanliao Zhishi(Hainan Ban)

陈胜振　陶文芳　彭华洪　主编

策划编辑：汪飒婷

责任编辑：丁　平　曾奇峰

封面设计：原色设计

责任校对：朱　霞

责任监印：周治超

出版发行：华中科技大学出版社（中国·武汉）　　电话：(027)81321913
　　　　　武汉市东湖新技术开发区华工科技园　　邮编：430223

录　排：华中科技大学惠友文印中心

印　刷：武汉科源印刷设计有限公司

开　本：889mm×1194mm　1/16

印　张：12.25

字　数：285 千字

版　次：2023 年 7 月第 1 版第 1 次印刷

定　价：49.80 元

中国海南菜烹饪技艺传承与创新新形态一体化系列教材
"海南省中高职(衔接)海南菜地方特色专业课程标准与教材开发"
成果系列教材

编委会

主 任

崔昌华　海南经贸职业技术学院院长
卢桂英　海南省教育研究培训院副院长
陈建胜　海南省烹饪协会会长
黄闻健　海南省琼菜研究中心理事长

副主任（按姓氏笔画排序）

孙孝贵　海南省农业学校党委书记
杨铭铎　海南省烹饪协会首席专家
陈春福　海南省旅游学校校长
袁育忠　海南省商业学校党委书记
曹仲平　海南省烹饪协会执行会长
符史钦　海南省烹饪协会名誉会长、海南龙泉集团有限公司董事长
符家豪　海南省农林科技学校党委书记

委 员（按姓氏笔画排序）

丁来科　海南大院酒店管理有限公司总经理

王　冠　海南昌隆餐饮酒店管理有限公司董事长

王位财　海口龙华石山乳羊第一家总经理

王树群　海口美兰琼菜记忆饭店董事长

韦　琳　海南省烹饪协会副会长

云　奋　海南琼菜老味餐饮有限公司总经理

卢章俊　海南龙泉集团龙泉酒店白龙店总经理

叶河清　三亚益龙餐饮文化管理有限公司董事长

邢　涛　海南省烹饪协会副会长

汤光伟　海南省教育研究培训院职教部教研员

李学深　海南省烹饪协会常务副会长

李海生　海南琼州往事里贸易有限公司总经理

何子桂　元老级注册中国烹饪大师、何师门师父

张光平　海南省烹饪协会副会长

陈中琳　资深级注册中国烹饪大师、陈师门师父

陈诗汉　海南琼菜王酒店管理有限公司总监

林　健　海南龙泉集团有限公司监事长

郑　璋　海口旅游职业学校餐饮管理系主任

郑海涛　海南省培训教育研究院职教部主任

赵玉明　海口椰语堂饮食文化有限公司董事长

唐亚六　海南省烹饪协会副会长

龚季弘　海南拾味馆餐饮连锁管理有限公司总经理

符志仁　海口富椰香饼屋食品有限公司总经理

彭华洪　海南良昌饮食连锁管理有限公司董事长

党的二十大报告指出，"统筹职业教育、高等教育、继续教育协同创新，推进职普融通、产教融合、科教融汇，优化职业教育类型定位"。2019 年，国务院印发《国家职业教育改革实施方案》，指出职业教育与普通教育具有同等重要地位。教师、教材、教法（"三教"）贯彻人才培养全过程，与职业教育"谁来教、教什么、如何教"直接相关。2021 年，中共中央办公厅、国务院办公厅印发的《关于推动现代职业教育高质量发展的意见》中明确提出了"引导地方、行业和学校按规定建设地方特色教材、行业适用教材、校本专业教材"。

海南菜（琼菜），起源于元末明初，至今已有六百多年的历史，是特色鲜明、风味百变且极具地域特色的菜系。传承海南菜技艺，弘扬海南饮食文化，对于推动海南餐饮产业创新，满足海南人民对美好生活的向往，乃至推动全省经济和社会发展都具有非常重要的作用。

海南菜的发展离不开人才，而餐饮职业教育承载着餐饮人才培养的重任。海南省餐饮中等职业教育现有在校学生 2 万余人，居海南省中等职业学校各专业学生人数之首，餐饮高等职业教育在校学生约 2000 人，具备了一定的规模。然而，目前中高等职业学校烹饪专业选用的教材多为国家规划教材，一方面，这些教材内容缺乏海南菜的地方特色，从而导致学生服务海南自由贸易港建设的能力不足；另一方面，这些中、高等职业教育教材在知识点、技能点上缺乏区分度，不利于学生就业时分层次适应工作岗位。

为贯彻、落实上述文件精神，振兴海南菜，提升烹饪人才的培养质量，海南省教育厅正式准予立项"海南省中高职（衔接）海南菜地方特色专业课程标准与教材开发"项目。遵照海南省教育厅职业教育与成人教育处领导在中国海南菜教材编写启动仪式上的指示，在多方论证的基础上，本系列教材的编写工作正式启动。本系列教材由海南省餐饮职业教育领域对本专业有较深研究，熟悉行业发展与企业用人要求，有丰富的教学、科研或工作经验的领导、老师和行业专家、烹饪大师合力编著。

本系列教材有以下特色。

1. 权威指导，多元开发　本系列教材在全国餐饮职业教育教学指导委员会专家的指导和支持下,由省级以上示范性(骨干、高水平)或重点职业院校、在国家级技能大赛中成绩突出、承担国家重点建设项目或在省级以上精品课程建设中经验丰富的教学团队和能工巧匠引领,在行企业、教科研机构共同参与下,紧密联系教学标准、职业标准及对职业技能的要求,体现出了教材的先进性。

2. 紧跟教改,思政融合 "三教"改革中教材是基础,本系列教材在内容上打破学科体系、知识本位的束缚,以工作过程为导向,以真实生产项目、典型工作任务、案例等为载体组织教学单元,注重吸收行业新技术、新工艺、新规范,突出应用性与实践性,同时加强思政元素的挖掘,有机融入思政教育内容,对学生进行价值引导与精神滋养,充分体现党和国家意志,坚定文化自信。以习近平新时代中国特色社会主义思想为指导,既传承海南菜的特色经典,保持课程内容相对稳定,同时与时俱进,体现新知识、新思想、新观念,本系列教材增强育人功能,是培根铸魂、启智增慧、适应海南自由贸易港建设要求的精品教材。

3. 理念创新,纸数一体 建立"互联网+"思维的编写理念,构建灵活、多元的新形态一体化教材。依托相关数字化教学资源平台,融合纸质教材和数字教学资源,以扫描二维码的形式帮助老师及学生共享优质配套教学资源。老师可以在平台上设置习题、测试,上传电子课件、习题解答、教学视频等,做到"扫码看课,码上开课",扫一扫即可获得相关技能点的详尽视频解析,可以更有效地激发学生学习的热情和兴趣。

4. 形式创新,丰富多样 根据餐饮职业院校学生特点,创新教材形态,针对部分行业体系课程,汇集行企业大师、一线骨干教师,依据典型的职业工作任务,设计开发科学严谨、深入浅出、图文表并茂、生动活泼且多维、立体的新型活页式、工作手册式融媒体教材,以满足日新月异的教与学的需求。

5. 校企共编,产教融合 本系列的每本教材实行主编负责制,由各院校优秀教师或经验丰富的领导和行业烹饪大师共同担任主编,教师主要负责文字编写,烹饪大师负责菜点指导或制作。以职业教育人才成长的规律为出发点,体现人才培养改革方向,将知识、能力和正确的价值观与对人才的培养有机结合,适应专业建设、课程建设、教学模式与方法改革创新方面的需要,满足不同学习方式要求,有效激发学生学习的兴趣和创新的潜能。

杨柳

中国烹饪协会会长

烹饪与食品关系密切,烹饪原料是烹饪的基础。烹饪专业的学生需要扎实地掌握烹饪原料的基础知识。随着科学技术的发展和国内外烹饪原料、烹饪技术的交流,烹饪原料已经有了很大的发展。目前介绍烹饪原料理论知识的书籍很多,有些知识专业性太强,操作实践运用太少,不容易被人接受;有些原料加工处理方法太过简单,未能将烹饪专业的工作任务与职业标准融入其中,对于从业人员的指导作用略有欠缺。所以,重新构建中职学校烹饪原料的课程体系内容,编写具有地方特色且能反映烹饪原料发展现状,满足乡村振兴和创业型人才培养要求的烹饪专业教材,具有非常重要的意义。

海南人追求原味有三法,其一食材要新鲜,其二做法化繁为简,其三使用辅料有度。看似简单的三点背后,凝聚着琼菜大厨们的真功夫。海南饮食还原本真,突破单独注重"色香味形"的层面,其真正的精髓在于原材料健康、自然的品质。在看似"无艺"的制菜过程中,体现的恰恰是一种顺应天然的烹饪智慧。

《烹饪原料知识(海南版)》是中餐烹饪专业的一门必修基础课程。本书编写的思路侧重于对海南本土烹饪原料知识的介绍,书中内容大多数是学生日常生活常接触到的原料。我们对内容进行系统、科学、规范的整合,教学内容实用性强,贴合生活实际,通俗易懂,直观易学。本书对海南优良、著名、独有的烹饪原料尽量进行了详细的介绍。全书贯彻对学生爱国、爱家乡、传承本土文化的思政教育。本书参考了大量已出版的烹饪原料知识书籍,在取长避短的基础上,融入了大量本土烹饪原料知识内容,书中内容资料、观点较新,紧跟时代步伐。

本书参照有关行业的职业技能鉴定规范及中级技术工人等级考核标准,采用模块化设计,模块内容有原料的分类、产地、品种特点,原料的品质鉴别、储存及养护和在菜肴中的烹饪运用。

本书分为粮食类原料、蔬菜类原料、果品类原料、禽类原料、畜类原料、水产品类原料、干货类原料、调味品类原料共8个项目。本书采用任务驱动学习的教学策略,能够为学生的实际操作奠定良好的基础。

本书由海南省商业学校陈胜振、陶文芳和海南良昌饮食连锁管理有限公司董事长彭华洪担任主编,琼海市职业中等专业学校王静,海南省商业学校苏鹏、高颖,儋州市中等职业技术学校苏正养担任副主编,海南省临高中等职业技术学校李先想、儋州市中等职业技术学校成浩、海南省财税学校张亚、海南省技师学院黄玲珑、海南省商业学校陈腊梅参与编写工作。

本书在编写过程中得到了杨铭铎教授的大力支持和科学指导。华中科技大学出版社的汪飒婷等编辑从开始策划到教材落地,一路精心安排、跟踪指导、热情服务,各参编院校领导和老师给予了大力支持,在此表示衷心的感谢。

由于编者能力有限,教材编写难以尽善尽美,希望广大教师和学习者在使用本书的过程中提出宝贵的指导意见,本书可用于烹饪类、旅游类、食品类相关专业的教学,也可供餐饮文化爱好者阅读。

编者

目录
CONTENTS

项目 1
粮食类原料

【学习目标】

1.学习并掌握粮食类原料的基础知识。

2.学习并掌握粮食类原料的分类及烹饪运用。

3.学习并掌握粮食类原料的品质鉴别与储存。

【项目导入】

粮食作物是海南省种植业中种植面积最大、分布最广、产值最高的作物,主要种类有水稻、旱稻、山兰稻、小麦,另外还有番薯、木薯、芋头、玉米、高粱、粟、豆等,在海南省种植的稻谷可三熟。

扫码看课件

粮食类原料的基础知识

一、粮食的概念

粮食是烹饪食品中各种植物种子的总称,也可概括为"谷物"。粮食营养成分丰富,主要为蛋白质、维生素、膳食纤维、脂肪、糖类等。我国粮食按来源属性可划分为谷类、豆类和薯类三大类。

二、粮食的分类

(一)谷类

谷类属于单子叶植物纲禾本科植物,包括稻米(如籼(xiān)米、粳米、糯米)、小麦、玉米、小米、大麦、燕麦、高粱、荞麦等。谷类是世界上大多数居民的主要食物,种类很多,在我国主要有稻米、小麦、玉米、高粱和小米。

(二)豆类

豆类为各种豆科栽培植物的可食种子,包括大豆、蚕豆、豌豆、绿豆、菜豆、黑豆、红豆等,其中以大豆最为重要。

(三)薯类

薯类在植物分类上隶属于不同的科,它们的块根或块茎都含有丰富的淀粉,可以作为谷类的替代物。薯类常见的品种有甘薯(又称山芋、红芋、番薯、红薯、白薯、地瓜、红苕等),马铃薯(又称土豆、洋芋等),木薯(又称树薯、木番薯、槐薯等)。

三、粮食类原料的烹饪运用

(1)制作主食,例如米饭、馒头等。

(2)制作糕点等小吃,例如年糕、元宵等。

(3)作为菜肴的主料或配料,例如粉丝、面筋等豆制品。

(4)制作多种调味品,例如酱油、醋、料酒等。

任务 2

粮食类原料种类

一、谷类

（一）稻米

稻米是稻谷经清理、砻谷、碾米、成品整理等工序制成的成品。稻米分籼米、粳米和糯米三类。

1. 籼米　籼米是我国出产最多的一种稻米，以广东、湖南、四川等地为主要产区。籼米根据收获季节，分为早籼米和晚籼米。早籼米米粒宽厚而短，呈粉白色，腹白大，粉质多，质地脆弱易碎，黏性小于晚籼米，质量较差。晚籼米米粒细长而稍扁平，组织细密，一般呈透明或半透明状，腹白较小，硬质粒多，油性较大，质量较好。

籼米

（1）烹饪运用：籼米主要用于做米饭或粥等主食，也可用干磨、湿磨、水磨等方法加工成米线、河粉等，用其磨制的米粉可制作粉蒸类菜肴等，如海南的海南粉、抱罗粉、陵水酸粉等。

（2）品质鉴别：以粒形整齐、饱满干燥、有光泽、熟制后有鲜香味、无碎米、糠皮少、无霉变、脱壳时间短的新鲜米为佳。

（3）储存方式：籼米一般低温储藏，低温储藏是籼米保鲜最有效的途径。大量实验表明，籼米表层的带菌量在 20 ℃以下时大量减少，而 10 ℃以下则可以完全抑制霉菌、害虫的繁殖，而且在此温度下，籼米呼吸强度及酶活性极为微弱，化学成分变化缓慢，所以此温度是可以保持其新鲜程度的。此外，低温储藏时籼米水分含量可适当提高，这样能有效保证籼米的原始品质和风味。

2. 粳米　粳米是稻米的一种，主要产于中国华北、东北和苏南等地，著名的小站米、上海白粳米等都是优良的粳米，是用粳型非糯性稻谷碾制成的米。粳米分为早粳米和晚粳米。早粳米呈半透明状，腹白较大，硬质粒少，米质较差。晚粳米呈白色或蜡白色，腹白小，硬质粒多，品质优。粳米产量远较籼米低。

（1）烹饪运用：在餐桌上，粳米一般被用来制作米饭食用，也可用其粉制作米糕、米粉等。

（2）品质鉴别：粳米米粒一般呈椭圆形或圆形，丰满肥厚，横断面近圆形，长与宽之比小于 2，颜色蜡白，呈透明或半透明状，质地硬而有韧性。

（3）储存方式：粳米需存放在密闭、阴凉、干燥、通风、避光的地方。

粳米

糯米

3. 糯米 糯米在我国南北地区均有栽种，南方称为糯米，北方则多称为江米，四川达州是我国的糯米之乡。糯米是糯稻脱壳的米，呈乳白色，不透明，具有一定的黏性，煮后透明、黏性大、胀性小，一般不作为主食，多用于制作各种小吃，如粽子、糍粑、元宵等。

（1）烹饪运用：一般不作为主食，是制作各种风味食品（小吃、甜饭等）的主要原料，如八宝饭、粽子、酒酿、汤圆等，也可制作年糕、糍粑，亦可酿酒。

（2）品质鉴别：以米粒较大且饱满，颗粒均匀，乳白色或蜡白色，不透明，呈椭圆形，饱满干燥，有米香，无杂质者为佳。

（3）储存方式：糯米需存放在密闭、阴凉、干燥、通风、避光的地方。

4. 海南特色稻米

（1）海南定安大米：种植条件为土壤成土母质为花岗岩、玄武岩、火山灰玄武岩、浅海沉积物、砂质岩5类，米粒滑亮结实。煮后香味浓郁，米饭入口绵软，食之可口。稻米蛋白质含量为7.4%～8.1%，脂肪含量为0.3%～0.8%。定安富硒大米的硒含量为0.06～0.2 mg/kg。

海南定安大米

海南山兰米

（2）海南山兰米：海南特有的品种，种植在海南中部的五指山、琼中、白沙、保亭、乐东地区，是一种黎族独有的旱生山兰糯稻谷，种植时不施任何化肥，是正宗的"绿色食品"，具有独特的米香。海南山兰米呈紫红色，有很高的营养价值和药用价值，据千年来黎族人代代相传，它具有补血、养胃、促进人体细胞再生的功效。黎族民间视海南山兰米为妇女产后、胃溃疡、内外伤、手术后等患者不可缺少的调补佳品以及幼儿健康成长的营养佳品。

（3）儋州东坡红米：儋州火山岩黑土上生长着的一种本地品种红米，主要产于儋州市木棠镇旧市村（苏东坡在儋州的居住地）。木棠镇是典型的火山岩丘陵地带，土壤肥沃，生态优美，水源纯净。该红米种植过程中不打农药,收获的红米口感糯香,煮成粥更是令人回味无穷,特别适合作为老年人、儿童与孕妇的主食。与普通的白米不同,儋州东坡红米的产量比较低,一亩地只有四五百斤。它外皮呈紫红色,内心呈红色,营养价值较高,可做饭粥、汤羹,还可加工成风味小吃。早年苏东坡被贬儋州,开创了海南火山黑土种植红米的历史。

儋州东坡红米

临高胭脂香米

(4)临高胭脂香米:略带胭脂色,有香味。它含有丰富的花青素,还含有微量元素、膳食纤维,是临高县东英镇水邱村选用富硒地块,坚持有机种植,以农家肥为肥料,以优质龙潭神雨泉眼的水灌溉,不施化肥,不打农药,种植160天而成。

(5)文昌冯坡节仔米:冯坡镇的一大特色,在冯坡镇已有1000多年的种植历史,因节仔米有较高的营养价值,又称富贵米。节仔稻适合在海边盐碱地种植,种植周期为100天左右。节仔米圆而短,香气独特,营养价值高。用节仔米熬制的米粥非常适合夏天食用,营养爽口,这是传统做法;节仔米也可制作成红米糕、红米粥、红米寿司、红米全谷物咖啡等十余种特色美食。

文昌冯坡节仔米

琼海大路米

(6)琼海大路米:又称大路富硒米或大路原生米,是琼海近年来打造的特色农产品。米粒圆润饱满、晶莹剔透、大小齐整;其米香奇特,煮出的米饭香气馥郁、软滑可口、饭粒松软、味道好。但琼海大路米更适合煮粥。

(二)小麦

1.小麦的概念　小麦是一种在世界各地广泛种植的禾本科植物,起源于中东地区。小麦是世界上总产量第二的粮食作物,仅次于玉米,而稻米则排名第三。

2.烹饪运用　小麦磨成面粉后可制作面包、馒头、饼干、蛋糕、油条、煎饼、水饺、包子、方便面、意式面食等食物,发酵后可制成啤酒等。

3.品质鉴别　冬小麦优于春小麦,硬质小麦含蛋白质多,适合制作面包等;软质小麦性质松

Note

小麦

软,含淀粉较多,筋力小,适合制作饼干和蛋糕等。

4.海南特色小麦 海南小高粱是一种长在海南的小麦品种。由于气候和土壤特点,海南小高粱酿造的白酒具有芳香、清爽的口感。

海南小高粱

二、豆类

(一)大豆

大豆,古称菽,现又称青仁乌豆、黄豆、泥豆、马料豆、秣食豆,主要品种有冬豆、秋豆等。大豆原产于我国,在东北地区、黄淮地区、长江下游地区等有种植,以东北大豆质量最优。大豆含有丰富的蛋白质和人体必需的多种氨基酸,营养价值高,被称为"豆中之王""田中之肉""绿色的牛乳"等,可以提高人体免疫力。大豆中含量较高的卵磷脂可促进附着在血管壁上的胆固醇消散,延缓血管硬化,预防心血管疾病,保护心脏。大豆常用来做各种豆制品,也可用于榨取豆油、酿造酱油和提取蛋白质。

1.品种 大豆呈椭圆形、球形,颜色有黄色、淡绿色、黑色等。大豆根据种皮颜色和粒形可分为黄大豆、黑大豆、青大豆等。

(1)黄大豆,又称黄豆,可有白黄色、淡黄色、暗黄色、深黄色四种颜色。黄大豆是我国大豆的主要品种。

(2)黑大豆,又称黑豆、乌豆,味甘、性平。黑大豆按其子叶的颜色可分为黑皮青仁大豆、黑皮黄仁大豆两种。我国黑大豆主要品种有山西太谷小黑豆、五寨小黑豆,广西柳江黑豆、灵川黑豆。黑大豆呈椭圆形或类球形,形状稍扁,皮光滑或有皱纹,具有光泽,一侧有淡黄色或白色长椭圆形

黄大豆

黑大豆

种脐,质地坚硬,嚼之有腥气。

(3)青大豆,种皮为青绿色的大豆。其个大、形圆、纤维丰富、甜香油润,我国各地均有栽培,以东北所产者最著名。按子叶的颜色,其又可分为青皮青仁大豆和青皮黄仁大豆两种。青大豆含有丰富的蛋白质和人体必需的多种氨基酸,尤其是赖氨酸含量较高。

青大豆

2.烹饪运用　大豆是重要的烹饪原料,可以整粒运用制作菜肴、休闲食品;可制作主食,如豆饭;可以加工成各种豆制品,如豆腐、豆干、豆浆、豆豉等;可以压榨豆油,酿制酱油、豆酱,提取植物蛋白等。

面点制作中常用大豆粉来制作点心,如将大豆粉与玉米面、小米面混合制作窝窝头或豆粉饼干。

3.品质鉴别　优质大豆皮色呈各品种大豆固有的颜色,有光泽,脐色黄白或淡褐,颗粒饱满、整齐均匀,无虫蛀、杂质和霉变。

(二)蚕豆

蚕豆,又称罗汉豆、胡豆、南豆、竖豆、佛豆,在我国主产于四川、云南、江苏、湖北等省。蚕豆入口酥软,沙中带糯,柔腻适宜,美味可口。蚕豆为粮食、蔬菜、饲料、绿肥兼用作物。

1.品种　蚕豆荚果呈扁平筒形,未成熟的豆荚为绿色,荚壳肥厚多汁,荚内有丝绒状茸毛;因含有丰富的酪氨酸酶,成熟的豆荚为黑色。蚕豆按照籽粒的大小,可以分为大粒蚕豆、中粒蚕豆、小粒蚕豆三种类型。

蚕豆

（1）大粒蚕豆：宽而扁平，千粒重 800 g 以上，如四川、青海产的大白蚕豆，通常作为粮食或者蔬菜食用。

（2）中粒蚕豆：扁椭圆形，千粒重 600～800 g。

（3）小粒蚕豆：接近圆形或者椭圆形，400 g≤千粒重＜600 g，产量很高，但是品质较差，通常只用作饲料和绿肥作物。

蚕豆按照种皮颜色，可以分为青皮蚕豆、白皮蚕豆和红皮蚕豆等。

2. 烹饪运用 蚕豆的食用方法很多，可煮、炒、油炸，也可浸泡后剥去种皮，炒菜或做汤。嫩蚕豆可作为主料做酸菜蚕豆、焖蚕豆，也可作为配料制成翡翠虾仁、蚕豆炖排骨、韭菜炒蚕豆等菜肴。老蚕豆去壳后，可以熬制蚕豆浓汤。蚕豆还可以制成蚕豆芽，其味更鲜美。干制蚕豆磨成粉后，可以制作粉丝、粉皮。蚕豆可蒸熟后加工制成罐头，也可经过油炸或者烘烤后调味制成休闲风味小吃。

蚕豆在面点制作中多有应用，如制作蚕豆饼等。

3. 品质鉴别 优质蚕豆籽粒完整、饱满，颜色鲜亮，无虫蛀、霉变。

（三）绿豆

绿豆，又名青小豆、菉豆、植豆等。其原产于印度、缅甸，现在中国、缅甸等国是绿豆的主要出口国。

1. 品种 绿豆大多呈短圆柱形，长 2.5～4 mm，宽 2.5 mm，种子外皮被蜡质层包裹，较为坚硬。绿豆的种皮呈翠绿色，有的呈淡绿色或黄褐色，种脐凸出，呈白色。我国绿豆的主要产区在华北及黄河平原，主要品种有明光绿豆、天山大明绿豆、宣化绿豆、嘉兴绿豆等。

绿豆

（1）明光绿豆：产于安徽明光市明东、石坝、涧溪、管店等地，因其色泽晶亮、碧绿，被人们称为明亮有光的绿豆，简称明绿。明光绿豆色泽碧绿、粒大皮薄、汤清易烂、味香爽口，其品质为全国之冠，在国内外都享有很高的声誉。

（2）天山大明绿豆：内蒙古自治区阿鲁科尔沁旗特产。此地是我国绿豆生产区，地理位置和自然环境得天独厚，日照充足，无霜期长，加之科学种植，因此天山大明绿豆粒大饱满、色泽鲜艳、营养丰富，为中国地理标志产品。天山大明绿豆含蛋白质 27.18%（比其他绿豆高）、脂肪 0.97%、淀粉 49.39%。

2. 烹饪运用 绿豆可以煮制成绿豆汤，或者与大米混合制作绿豆粥，是夏季最佳的清凉防暑食物。绿豆是优质的淀粉原料，可以磨制成粉末，制成绿豆粉丝、绿豆粉皮或者绿豆淀粉，用于烹制菜肴。绿豆浸水发芽可制成绿豆芽，绿豆芽为菜中佳品。绿豆酿造的明绿液酒风味独特。

绿豆可经煮制后擦沙去皮制成多种糕点，如绿豆糕、绿豆饼等。

3. 品质鉴别 优质绿豆色泽浓绿、富有光泽、粒大整齐、形状圆整，经煮制后酥软化渣。

(四)赤豆

赤豆,又称猪肝赤、杜赤豆、米赤豆、毛柴赤、米赤。
夏、秋季分批采摘成熟荚果,晒干,打出种子,除去杂质,
再晒干制成。赤豆起源于我国,目前主要产于华北、东
北、黄河流域、长江流域及华南地区。

赤豆

1.品种　赤豆通常籽粒短圆或呈圆柱形,长 5～6
mm,宽 4～5 mm,截面近圆形,种脐不凹陷。赤豆种皮
多呈赤褐色,有的品种呈黑色、白色、浅黄色及杂色,种皮
平滑、有光泽,种脐位于侧缘上端,白色,不显著凸出,亦不凹陷。

赤豆易与其他豆类混杂,根据其纯度分为纯赤豆和杂赤豆两种。纯赤豆中混杂的各色小豆
不超过总量的 10%,杂赤豆中混杂的各色小豆超过总量的 10%。

野生赤豆的种皮呈淡紫色,平滑,微有光泽,种脐呈白线,质地坚硬,不易破碎。除去种皮后
可见两瓣乳白色种仁,口嚼有豆腥味。

2.烹饪运用　赤豆多用于制作汤羹、粥品,如赤豆汤、赤豆糯米饭、赤豆红枣汤。赤豆在菜肴
制作中,可作为甜味夹酿菜的馅料,如有名的龙眼甜烧白、高丽肉、酿枇杷等。龙眼甜烧白是四川
乡土风味"三蒸九扣"的著名甜菜之一,又名夹沙肉,是在煮熟的猪肥膘肉片上抹上赤豆沙,再放
一颗红枣,将其卷成筒状,立于蒸碗中,蒸熟的糯米加入红糖、猪油调味,装入放有肉卷的蒸碗中
作底,上笼蒸半小时,然后将蒸好的"烧白"翻扣于圆盘中,成品丰腴、大方,油润光亮,沙甜香酥适
口,肉片甜香酥软、肥而不腻。

3.品质鉴别　赤豆以豆体干燥、颗粒饱满、颜色赤红发暗者为佳。

在面点制作中,赤豆主要用于制作馅心,如赤豆沙月饼、豆沙面包、赤豆糯米糍、赤豆沙小圆
子及各种层酥制品的馅心等,还可与面粉、糯米粉一起做成赤豆饼、赤豆糯米糕。

(五)豌豆

豌豆,又称小寒豆、淮豆、麻豆、青小豆,古时称毕豆、
留豆。豌豆原产于亚洲西部,我国在汉代时引入小粒豌
豆。豌豆在我国主要分布于中部、东北部等地区,四川、
河南、湖北、江苏、青海、江西等地都有种植。

豌豆

1.品种　豌豆的荚果呈长椭圆形,荚果肿胀,长 5～
10 cm,宽 0.1～4 cm,顶端斜尖,背部近于平直,内侧有
坚硬的内皮。每荚有籽粒 2～10 粒,大多数呈圆球形、椭
圆形、扁圆形、凹圆形等。其颜色为青绿色,也有黄白色、
红色、玫瑰色、褐色、黑色等颜色的品种。

豌豆按株形可分为软荚豌豆、谷实豌豆、矮生豌豆三个变种,按豆荚壳内层革质膜的有无可
分为软荚豌豆、硬荚豌豆,也可以按照花色分为白色豌豆、紫色豌豆、红色豌豆。

豌豆的品种很多,如陇豌豆、小青荚、杭州白花豌豆、莲阳双花豌豆、大荚豌豆、成都冬豌豆等,下面择要进行介绍。

(1)陇豌1号:甘肃省选育成功的半无叶、干籽粒型豌豆新品种。植株半矮茎,直立生长,花白色,每株着生6~10荚,双荚率达75%以上,不易裂荚;每荚有籽粒5~7粒,粒大,种皮白色,粒形光圆,百粒重25 g。干籽粒含粗蛋白质25.6%、淀粉51.32%、赖氨酸1.95%。

(2)陇豌5号:甘肃省农业科学院作物研究所选育而成的高抗豌豆白粉病、半无叶型、甜脆豌豆品种。每株着生5~8荚,每荚有籽粒4~9粒,籽粒呈柱形、皱缩,皮黄,子叶黄色,百粒重22 g。籽粒含粗蛋白质30.7%、粗脂肪1.54%,嫩荚含糖量达10.8%;无豆腥味,甘甜可口,品质优良。其主要在甘肃、四川、云南等地种植。该品种是目前最为理想的矮秆甜脆豌豆品种。

(3)小青荚:从阿拉斯加引入,硬荚种,籽粒小,绿色,每荚有籽粒4~7粒,圆形,嫩籽粒供食用;种皮皱缩,品质好,为制罐头和冷冻的优良品种,在上海、南京、杭州等地有栽培。

(4)杭州白花豌豆:白花豌豆中的一个品种。花白色,每荚有籽粒4~6粒,嫩籽粒品质佳,圆而光滑,呈淡黄色,可供食用。

(5)大荚豌豆:即大荚荷兰豆,为软荚豌豆。荚特大,长12~14 cm,宽3 cm,浅绿色,稍弯,凹凸不平。每荚有籽粒5~7粒,每500 g有嫩荚约40个。荚脆、清甜、纤维少;种皮皱缩,呈褐色,鲜荚和籽粒均可供做菜用。荚、粒特大,品质极佳,在广东一带栽培。

(6)成都冬豌豆:硬荚豌豆,耐热亦耐寒,花白色,荚长7 cm、宽5 cm。每荚有籽粒4~6粒,圆形,光滑,嫩绿色,味美,品质佳,以嫩籽粒供食用。成都7—9月播种,9—12月采收。

2.烹饪运用 嫩豌豆在菜肴中主要以整粒使用,如焖豌豆、清炒豌豆。豌豆因为籽粒圆润、色泽碧绿,所以常被用来作为配料,诱人食欲。豆汤饭是成都传统小吃,选用淀粉含量较高的老豌豆与米饭在鸡汤中煮制而成,豌豆中的淀粉和米饭混合,饭稠,味道香浓。在成都湿寒的冬季,豆汤饭是暖身排湿的佳肴。另外,豌豆中含有丰富的淀粉,可干燥去皮后,制取豌豆淀粉。豌豆淀粉还可以制成豌豆粉丝、豌豆凉粉,常用于菜肴的制作,如蚂蚁上树、肥牛粉丝煲、蒜蓉粉丝蒸扇贝等都是经典名菜。

将老豌豆磨成粉,这种粉制成的面白而细腻,除了用于熬粥煮饭外,还可以包馅制糕。豌豆糕,又称豆沙糕、澄沙糕,是山西太原特色糕类小吃。它是用上等豌豆脱皮磨粉、加入白糖制成的,还可加入柿饼、柿糕,后传入北京,改名叫豌豆黄,成为北京著名小吃。

3.品质鉴别 优质豌豆籽粒饱满,色泽佳,无虫蛀。

(六)海南特色豆类

五谷之中,属豆类品种最多,豆类还被誉为"植物肉"。海南自古豆类较多,见诸方志的不胜枚举。仅《乐会县志》记载的就有青豆、赤豆、黄豆、绿豆、黑豆、柳豆、烂豆、扁豆、肉豆、饭豆、豌豆、白带豆、长带豆、压草豆、青皮豆、钗豆、羊豆、矢豆、落花生和猪肠豆,达20种之多。

(1)海南四棱豆:它是一种长得像杨桃的豆角,豆荚呈四棱状,边缘有锯齿,属于多年生草本植物。它浑身都是宝,从叶到根都能吃,含有较高的蛋白质;豆荚凉拌鲜嫩,豆子可以做豆浆和榨油。海南四棱豆富含维生素等多种营养成分,具有降压、美容、助消化等食用和药用价值,被誉为

"豆中之王"。它有一个非常接地气的名字,叫作"龙豆"。

海南四棱豆

猪肠豆

(2)猪肠豆:学名为豇豆,是豆类中最丰产、最受人喜爱的一种。其绕畦一圈,垂挂满架,粗似小指,长可盈尺,挑可盈担。农民称赞豇豆"三棵豆儿,胜过一个鸡蛋"。豇豆"日长八寸,夜长一尺"。种子刚下地,便迫不及待地冒出嫩芽,迎风飘摇。柔弱的嫩枝急于攀上豆架,寻觅生长空间。豇豆有消食、补肾以及降血糖等强大的功能,尤其对于便秘的人,具有润肠通便的功效。

(3)石山黑豆:海南本土盛产黄豆、黑豆,"黄者宜腐"说的是黄豆适宜做豆腐,市面上出售的豆制品大多是黄豆制成的,包括腐竹、豆干等,品类繁多。用石山黑豆制作的黑豆腐,已是地标产品。海南所产黑豆色泽乌黑,是富硒产品,是黑豆中的佼佼者。海南所产黑豆含有丰富的维生素、黑色素及卵磷脂等物质,其中 B 族维生素和维生素 E 的含量很高,具有营养保健功效;黑豆中还含有丰富的微量元素,制成豆腐,质地嫩滑,豆香可口。海南黑豆腐可清蒸,可清炒,可油煎,可下火锅,可加多种配料,吃法多样,十分美味。黑豆形状与肾相似,故历来有吃黑豆补肾的说法。由于有药用价值,因此黑豆古时也被称为药黑豆。

石山黑豆

崖州扁豆

(4)崖州扁豆:海南特有农家品种,主要分布在南面三亚、东方、乐东等县(市)。其植物为一年生缠绕草本,茎蔓生,株高 30～40 cm,分枝较多,每株 5～7 条;三出复叶,叶较小,呈卵形,深绿色。每株结荚 50 个左右,每荚有 3～6 粒种子,种子呈扁圆形,种皮较厚,呈淡黄色。一般亩产50 kg 左右,高的可达 100 kg。扁豆酱是最具特色的传统风味食品。它产生于清代以前,至今已有 400 年以上的传承历史。崖州扁豆酱含有丰富的蛋白质、脂肪、钙、磷、铁等营养成分,食用价值很高,同时具有健脾、止汗、止泻、祛湿、生津止渴、健胃消食的药用价值。

三、薯类

（一）甘薯

甘薯又名山芋、红芋、番薯、红薯、白薯、地瓜、红苕等，因地区不同而有不同的名称。甘薯起源于墨西哥以及哥伦比亚、厄瓜多尔到秘鲁一带的热带美洲，16世纪末传入我国福建、广东，而后向长江、黄河流域等地传播。目前我国的甘薯种植面积和总产量均居世界首位。

甘薯

甘薯中含有丰富的糖类、蛋白质、纤维素和多种维生素，尤其含有稻米、小麦中缺乏的赖氨酸。甘薯是重要的粮食作物，也是一种高级保健食品。

在世界卫生组织（WHO）评出的六大健康食品中，甘薯被评为"最佳蔬菜"之首。甘薯地下根顶端通常有4～10个分枝，各分枝末端膨大形成卵球形的块根。甘薯主要以肥大的块根供食用。其块根的形状、大小、皮肉颜色等因品种、土壤和栽培条件不同而有差异，其形状有纺锤形、圆筒形、球形和块形等，皮色有白色、黄色、红色、淡红色、紫红色等，肉色有白色、黄色、淡黄色、橘红色，有些带有紫晕等。

白心甘薯淀粉含量高，水分较少，适合提取淀粉；黄心甘薯含有丰富的胡萝卜素、糖类，水分较多，常供新鲜食用，味道香甜；紫薯营养丰富，糖分适中，水分较多，易于消化。

1. 品种

（1）紫薯：其正名为参薯，又名黑薯。紫薯的肉呈紫色至深紫色，皮薄、呈淡紫色。紫薯除了具有普通甘薯的营养成分外，还富含硒元素和花青素，因此，紫薯是提取花青素的主要原料之一。野生紫薯的块根多呈圆柱形或棒状，人工栽种的形状变化很大，个体较大，呈掌状、棒状或圆锥形，皮呈棕色或黑色，断面呈白色、黄色或紫色。典型的优质品种有京薯6号、紫薯王、日本凌紫、浙紫薯1号、徐紫薯1号、广紫薯1号、群紫1号黑薯等。

京薯6号是由巴西甘薯与中国甘薯杂交而成的，薯皮、薯肉均为紫色，甜度高，品质好，主要用于深加工和提取色素。紫薯王种植产量高，品质超群，皮色紫黑，肉色紫，富含硒元素，味香甜糯，肉质细腻，是极佳的鲜食保健用甘薯品种，尤其适合制作薯酱、甘薯泥、油炸薯片等，是制作紫薯休闲保健食品的首选品种。日本凌紫是引自日本的紫薯新品种。薯块呈长纺锤形，皮色紫红、光亮，肉色紫黑，成熟后近黑色，香甜而沙，富含硒元素等，营养成分高出其他甘薯品种数倍，是当前紫薯系列中颜色最深的品种，也是鲜食保健和提取色素等深加工的优质品种。

紫薯可以蒸煮后鲜食，口感绵软，香甜可口；可切片或切块后与大米或者糯米煮制成紫薯粥；可蒸制后压制成泥状，加入面粉、糯米粉中，制成各种面食、点心，如紫薯花卷、紫薯蛋糕、紫薯面包等；还可制成菜肴，如紫薯烧五花肉、拔丝紫薯、蜜汁紫薯等。

（2）黄心甘薯：皮呈红色，肉呈润黄色或润红色。黄心甘薯口感香甜，熟食味甜，香味浓郁，纤维细，是鲜食、蒸煮、烘烤的上好品种，还可以加工成红薯干。黄心甘薯是烤甘薯的最佳原料，传统烤甘薯是将黄心甘薯放在炭火里烤,直到表面发硬,有一层黑黄的炭,烤透即可。粉蒸肉是汉族传统名菜之一,广泛流行于四川、陕西、安徽、湖北、湖南、浙江、福建、江西等地,黄心甘薯是其重要的辅料。粉蒸肉是将拌上米粉的五花肉调味腌制放在碗底,将黄心甘薯切块拌上米粉后码在肉上,蒸制 2 h,蒸熟后反扣在盘子里制成的菜肴。

(3)白心甘薯:薯肉呈白色的甘薯,有白皮白心甘薯、红皮白心甘薯两种。白皮白心甘薯的薯皮、薯肉均为白色,肉质比较粉糯,水分较少,口感较粗,纤维含量高;红皮白心甘薯甜度比白皮白心甘薯高,水分含量稍高一点。民间常在伏天制作"白番薯大芥菜汤":选用白皮白心甘薯洗净、削皮、切形,与芥菜、生姜等在瓦煲中文火煲制 30 min,调味后食用,可以起到清热祛暑的作用。

2.烹饪运用 甘薯可以作为甜菜用料或者蒸菜的垫底,如粉蒸牛肉、粉蒸排骨。甘薯叶可以作为新鲜蔬菜食用,如清炒甘薯叶。甘薯也可以直接煮、蒸、烤熟后鲜食,如甘薯粥、烤甘薯等。甘薯中含有丰富的淀粉,可以制取甘薯淀粉。甘薯淀粉色泽暗白,糊化温度低,广泛运用在菜肴烹制中,如原料的上浆、拍粉,菜肴的勾芡等。湖南、福建等地还用其做成甘薯粉条。甘薯粉条呈灰色细长条状,晶莹剔透,经凉拌或者煮制、调味后食用,口感爽滑、筋道。

中式面点制作中,甘薯可以在熟制后捣制成泥,与米粉、面粉等混合制成各种糕点,如红薯饼、薯包、薯团、薯糕等;将甘薯干制、磨成粉后,可以与面粉掺匀,做成馒头、面条等。

西式面点制作中,甘薯可以用来制作甜点,如紫薯奶酪等。

(二)木薯

木薯,又称树薯、木番薯、槐薯等,呈椭圆形、圆柱形或纺锤形,块根的皮呈白色、灰白色、浅黄色、紫红色等,薯肉呈白色,富含淀粉。

木薯是世界三大薯类(木薯、甘薯、马铃薯)之一。制熟的木薯可放心食用,不会对人体造成伤害,因为加工过程中已将有毒物质去掉了。

1.品种 木薯主要有苦木薯和甜木薯两种。苦木薯的淀粉含量高于甜木薯,但氢氰酸含量较高,专门用于生产木薯粉;甜木薯可以食用,食用方法类似于马铃薯。我国主要的品种有青皮木薯、面包木薯。

木薯

木薯原产于美洲,现广泛栽培于全世界热带地区;19世纪 20 年代引入我国,首先在广东高州一带栽培,随后引入海南,现已广泛分布于华南地区,以广西、广东和海南栽培较多。

2.烹饪运用 木薯可以直接煮、蒸、烤后食用,由于鲜木薯易腐烂变质,因此一般在收获后尽快加工成木薯粉、木薯干等。木薯淀粉是将木薯干制后制成木薯干,然后从木薯干中提取的淀粉类物质。具体做法是将木薯清洗、粉碎后进行淀粉提取、渣浆分离、细滤除沙、脱汁、浓缩精制后干燥。在我国及部分热带地区,木薯淀粉又称泰国生粉。木薯淀粉的特性为色泽洁白、细腻,口味平淡,无余味(不同于玉米淀粉食用后有余味),因此较之普通淀粉,其更适合制作需精调味道的食品。

面点制作中，木薯可以煮熟捣泥，作为馅心；也可以与米粉、面粉等混合，制成点心和小吃，如布丁、蛋糕等。

(三)海南特色薯类

(1)澄迈桥头富硒地瓜：澄迈县西北部的桥头镇，被誉为海南的"富硒之乡"。该镇种植的沙土甘薯皮色红、甜度适当、清脆可口，品种主要有紫心的山川紫和黄心的高系14号。桥头富硒地瓜综合了板栗的味道和甘薯的香气，沁人心脾。口感粉、糯、香、甜，富有层次感，粉而不噎，松软绵密，且富含硒元素。桥头富硒地瓜不但美味，而且营养丰富，热量超低，饱腹感强，可助消化。

澄迈桥头富硒地瓜　　　　　　　　　　　美兰三角宁地瓜

(2)美兰三角宁地瓜：主产区位于海南东寨港红树林自然保护区后。除了优越的种植环境和独有的本地品种外，美兰三角宁地瓜的"出色"还在于其独特的种植土壤。因位于海水与河水交汇的咸淡水交界处，种植美兰三角宁地瓜的沙地经过海水的冲刷，形成天然的盐沙地，这片土地极少有病虫害的侵袭。松软的盐沙地特别适合甘薯生长，且因为沙地中含有海盐成分，美兰三角宁地瓜也将咸味吸收，形成独特的甜中带咸的口感。美兰三角宁地瓜皮嫩薄，紫色的外皮熟后轻轻一碰就会裂开，就像一层薄纱轻轻包裹住甘薯的美味；肉晶莹，白色的甘薯肉在阳光下闪耀着点点晶莹的光，如水晶般诱人；味咸甜，不似一般甘薯的味道寡淡或甜腻，而是将甜与咸的味道中和得恰到好处。美兰三角宁地瓜入口感觉粉而不腻，糯而不黏，值得细细品尝。

(3)海头地瓜：别称海头番薯或海头红薯，主要产于儋州市海头镇红坎村，这里的土壤具有含沙量高、沙粒细、柔软松散、通风透气的特性，种植出来的甘薯统称海头地瓜。海头地瓜的生长周期一般为4个月左右，没有经过催熟，完全成熟后的海头地瓜在口感上无论是粉度、甜度还是糯度都是最佳的，虽然含硒量比不上澄迈桥头富硒地瓜与美兰三角宁地瓜，但具有粉、甜、香、皮薄、色好、安全、营养价值高、口感好等特点，产量、品质、口感均远远优于其他土地种出来的甘薯。

(4)东方香薯：主要种植在东方市沿海区域，此地具有松软的砂质土壤、充足的光照，加上品种优良，故此区域所产出的甘薯天然优质，颜色鲜艳，果肉脆而可口、清香四溢，富含淀粉、蛋白质、氨基酸、多种维生素，以及钙、磷、铁和钾等矿物质，是人们餐桌上难得的绿色佳品，在市场上也广受消费者好评。东方香薯的烹饪方法很多，除了平时常见的煮香薯糖水、焖香薯饭、蒸香薯、煲香薯粥等之外，还有一些特色的吃法，例如微波炉烤香薯、芝士焗香薯。

海头地瓜   东方香薯

（5）临高沙地紫薯：产于海南临高县。种植在富硒且富含有机质的黑沙地上。砂质土壤、昼夜温差大等得天独厚的种植条件，造就了临高沙地紫薯含水量适中、含糖量更高、口感甜粉且不黏喉的特性。

（6）屯昌白肚面番薯：俗称白肚面地瓜，产于屯昌南吕镇，是海南知名甘薯品牌，尤其是种植在南吕五星村的白肚面地瓜以粉和甜著称。该品种甘薯在屯昌县种植已有多年历史，品质优良，味道独特，口感甜美。

临高沙地紫薯   屯昌白肚面番薯

粮食类原料的储存

粮食储存的目的是有效抑制新陈代谢和防止病虫害等的污染。餐饮业的粮食储存是短时间的。一般来说,在储存中应注意调节温度、控制湿度、避免污染等。

一、调节温度

粮食本身在呼吸过程中会放出热量,积聚在粮堆中的热量会引起粮食温度的升高。因此,粮食在储存中不要堆积过多,应通风,温度保持在 20 ℃以下较为适宜。

二、控制湿度

粮食具有吸水性,在潮湿环境中易吸收水分,会发生结块或霉变。因此,在储存中除注意温度的影响外,堆放时要用高架,并用铺垫物铺垫在下方。

三、避免污染

粮食中的蛋白质、淀粉具有吸收各种气味的特性。粮食不能与有异味的物质(如咸鱼、熏肉、香料等)堆放在一起,否则会染上异味,影响粮食的品质。

因此,根据粮食的特性,储存粮食时要做到以下几点:一是存放地点必须干燥、通风,忌高垒、潮湿;二是要避免异味、异物的污染,堆放要保持一定的空间,与墙壁保持一定的距离;三是要注意鼠害、虫害等。

 课后练习

简答题

1.粮食可以分为哪三类?

2.粮食类原料储存时需要注意哪些问题?

在线答题

项目 2
蔬菜类原料

【学习目标】

1.学习并掌握蔬菜类原料的基础知识。

2.学习并掌握蔬菜类原料的分类与烹饪运用。

3.学习并掌握蔬菜类原料的品质鉴别与储存。

【项目导入】

海南作为全国重要的蔬菜种植基地,菜市场常见的蔬菜有四季豆、黄瓜、香菜、南瓜、茄子、苦瓜、生菜、冬瓜、丝瓜、菠菜、藕、番薯叶、空心菜、小白菜、芹菜、辣椒等,国内市面上有的蔬菜在海南四季都可以种植。海南四季能够种植这么多的蔬菜主要是因为海南地理环境优越:海南处于热带地区,阳光充足,常年有小雨,而且海南入春早,升温快,昼夜温差大,全年不下雪,冬季也不是很冷,平均气温为 23 ℃左右。这边种植的稻谷可三熟,菜满四季。

扫码看课件

蔬菜类原料的基础知识

一、蔬菜的概念

蔬菜是植物性烹饪原料中重要的一大类，通常是指可供烹饪食用的草本植物的总称；此外还包括少数木本植物的嫩枝、嫩茎和嫩叶，以及部分低等植物。蔬菜类原料是人们餐桌上不可或缺的烹饪原料之一，其品种非常丰富。

二、蔬菜的营养成分

1.水分 蔬菜中含有大量水分，大多数蔬菜的含水量为 65%~90%。水分是导致蔬菜脆嫩的主要因素，也是检验蔬菜质量的主要指标。但因为水分含量大，蔬菜在储存过程中容易腐烂。

2.蛋白质 蔬菜中的蛋白质含量较低，野生蔬菜的蛋白质含量稍高于人工栽培蔬菜，豆类中含植物蛋白较多，且易被人体消化吸收。

3.脂肪 蔬菜中的脂肪含量很低，主要存在于一些蔬菜的果实中，如油菜籽。蔬菜的脂肪主要是不饱和脂肪酸，人体较容易吸收。

4.糖类 蔬菜中所含的糖类主要有淀粉和纤维素，根菜类的蔬菜中含淀粉较多，是人体所需热量的来源；茎菜类及叶菜类中纤维素含量较高，纤维素能促进人体肠胃的蠕动，可以起到促进消化和预防便秘的作用。

5.维生素 蔬菜中含有丰富的维生素，是人体获得维生素的重要来源。其中较突出的是胡萝卜素和维生素 C，如胡萝卜中含有大量胡萝卜素，菠菜中含有丰富的维生素 C。此外，蔬菜中还广泛存在其他维生素，例如茄子中含有大量维生素 P。维生素对维持人体的生理功能有重要作用。

6.无机盐（又称矿物质） 许多蔬菜含有非常多的不同种类的矿物质，例如芹菜和红枣中含有大量铁，而茄子、胡萝卜中含有非常多的磷等。蔬菜是人体所需矿物质的重要来源之一，这些矿物质是组成人体各种组织的重要成分，对维持人体渗透压、调节人体酸碱平衡及人体各种生理功能有重要作用。

7.有机酸、挥发性物质和色素 很多蔬菜中含有许多有机酸，如番茄含有大量柠檬酸及少量苹果酸等，因此这些蔬菜具有一定的酸味。在烹饪时要用开水焯一下，否则会影响人体对矿物质的吸收。

蔬菜中还含有多种挥发性物质，如葱、姜、蒜、辣椒等的辛辣味，芹菜、香菜的辛香味，都是由挥发性物质引起的。而且蔬菜成熟度越高,挥发性物质的含量就越高,气味就越浓。

蔬菜中还含有大量色素,如叶菜类中含有叶绿素,胡萝卜中含有胡萝卜素,番茄中含有番茄红素等。

三、蔬菜的分类

根据来源,蔬菜可分为人工栽培蔬菜和野生蔬菜。其中海南常见的野生蔬菜有革命菜(学名野茼蒿)、雷公笋(学名闭鞘姜)、雷公根、曲毛菜、野苋菜、麻竹笋等。

根据构造和可食用部位,蔬菜可分为以下几类。

(1)根菜类:以蔬菜的根为主要食用部位,如萝卜、胡萝卜等。

(2)茎菜类:以蔬菜的茎为主要食用部位,根据部位不同又可分为地上茎菜类(如莴苣、竹笋等)和地下茎菜类(如藕、姜、洋葱等)。

(3)叶菜类:以蔬菜的叶片和叶柄为主要食用部位,分为普通叶菜类(如小白菜、空心菜、菠菜等)、结球叶菜类(如大白菜、包菜等)和香辛菜类(如韭菜、芹菜、葱等)。

(4)花菜类:以蔬菜的花为主要食用部位,如花菜、西兰花、芥兰等。

(5)果菜类:以蔬菜的果实及幼嫩的种子为主要食用部位,又分为茄果类(如辣椒、番茄、茄子等)、荚果类(如四季豆、秋葵等)和瓜果类(如冬瓜、黄瓜、苦瓜、青木瓜等)。

(6)芽菜类:以豆类的种子遮光(或不遮光)发芽培育而成的幼嫩芽苗为主要食用部位,如绿豆芽、黄豆芽等。

四、蔬菜在烹饪中的应用

蔬菜是烹饪原料中的一个重要组成部分,在烹饪中有着广泛的应用。

(1)蔬菜可用作制作菜肴的主料,如手撕包菜、清炒秋葵、蒜泥空心菜等。

(2)蔬菜可用作制作菜肴的配料,如番茄炒鸡蛋、尖椒炒牛肉、冬瓜海螺汤等。

(3)蔬菜可用作制作菜肴的调味品:部分蔬菜有重要的调味作用,能除去异味、增加风味,如葱、姜、蒜等;还有一部分蔬菜能对原料进行矫味,如炖制羊肉时加入适量的胡萝卜或萝卜,能起到去膻味的作用。

(4)蔬菜可用作制作面点馅心的原料,如小白菜、萝卜、芹菜等,都可用于多种面点馅心的制作,如青菜包、萝卜丝酥饼、韭菜饼、芹菜猪肉水饺等。

(5)蔬菜可充当主食,如土豆、南瓜、山药、藕、芋头等淀粉含量较高的蔬菜可以代替粮食充当主食。

(6)其他:蔬菜可用作菜点装饰、配色和点缀的原料,可用作食品雕刻的重要原料,蔬菜还可以腌制、泡制、干制成各种加工制品等。

蔬菜类原料的分类与烹饪运用

一、根菜类

1.萝卜 萝卜又称莱菔、芦菔、土瓜,是我国栽培历史较为悠久的品种。萝卜适应性强、产量高、成熟快,一年四季均有上市。品种有白皮圆萝卜、红皮圆萝卜、长白萝卜、心里美萝卜、青萝卜。萝卜的食用部位为其膨大的肉质根,水分含量高,质感爽脆,富含维生素、糖类和矿物质,还含有淀粉酶和芥子油,因此,萝卜有助于消化。芥子油是形成萝卜辛辣味的主要成分。萝卜是一种大众化蔬菜,可作水果生食,也可加工成各种制品,其营养丰富,有很高的食用价值,具有清热解毒、利尿、消食、化痰、止咳等功效。

烹饪运用:生食、炒、拌、煮、炖、腌渍等均可,在面点中主要用于制作馅心,如萝卜丝饼等。

萝卜

胡萝卜

2.胡萝卜 胡萝卜又称番萝卜,原产于地中海地区,现我国各地均有栽培,秋、冬季节大量上市。胡萝卜供食用的部分是肥嫩的肉质直根,有红色、黄色、黄白色、紫色等多种颜色。其肉质细密,质地脆嫩,有特殊的甜味,并含有丰富的胡萝卜素、维生素 C 和 B 族维生素,有"小人参"之称。胡萝卜具有健脾和胃、补肝明目、清热解毒、壮阳补肾、降气止咳等功效。

烹饪运用:生食、炒、拌、煮、炖、制作菜泥、榨汁等均可,在面点中主要用于制作馅心,也是西餐中常用的原料。

二、茎菜类

(一)地上茎菜类

1.莴苣 莴苣又称青笋,以其幼苗及嫩茎为主要食用部位,原产于地中海地区,现我国各地

Note

均有栽培。莴苣的品种按叶片不同分为尖叶莴苣和圆叶莴苣两种。其质地脆嫩、清香鲜美。莴苣含有特殊的挥发油,富含维生素、胡萝卜素、各种氨基酸及钾、钠等矿物质,能调节体内水、盐代谢,具有通便、降压、补脑、养心安神、润肺补肝、消痰开郁、消食开胃等功效。

烹饪运用:莴苣食法多样,生食、拌、炒、做汤等均可,在面点制作中大多作为馅心的原料使用。

莴苣

竹笋

2. 竹笋　竹笋又称笋,原产于我国,现全国各地均有栽培,是竹类初生的嫩茎,外形呈微锥形或圆筒形。春、夏、冬季上市。以冬季所产者品质最佳。竹笋可分为冬笋、春笋、鞭笋。竹笋含有丰富的优质蛋白质、维生素、矿物质,为优良的保健蔬菜。竹笋味甘,微寒,具有消渴利尿、清肺化痰、益气和胃等功效。竹笋还具有低脂肪、低糖、多纤维的特点,能促进肠道蠕动、帮助消化、去积食、防便秘,并有预防大肠癌的功效。

烹饪运用:拌、炒、煸、焖、做汤均可,但新鲜竹笋草酸含量比较高,因此,应焯水后再食用。竹笋在面点制作中主要用于制作馅心及作为各种荤菜的配料,如各种水饺、包子的素馅心等。

3. 茭白　茭白又称茭笋、水笋等。茭白夏、秋季上市,肉质肥嫩似笋。它的种子叫菰米,有些菰米在结穗时如果抗病能力减弱染上黑粉菌,花茎便不能再开花结果,花茎的基底部分因受黑粉菌刺激而膨大,形成纺锤形的茭白,其"病体产物"对人类不但无害反而有益。茭白既可以作为蔬菜,也可入药。世界上把茭白作为蔬菜栽培的,只有中国和越南。茭白肉质爽脆柔滑、色泽洁白、微带甜味,主要含蛋白质、脂肪、糖类、维生素 B1、维生素 B2、维生素 E、微量胡萝卜素和矿物质等,有清热解毒、催乳之功效,可以阻止黑色素的合成。

茭白

烹饪运用:嫩品可生食,拌、炒、焖、做汤等均可,但茭白变老后,膳食纤维含量较高,食用价值降低。茭白草酸含量较高,影响人体对钙的吸收,因此,应焯水后再食用。茭白在面点制作中常用来制作馅心。

(二)地下茎菜类

1. 土豆　土豆又称洋芋、山药蛋、地蛋,原产于南美洲,现我国各地均有栽培,西南和东北地区为主要产区。其易栽培、产量高、耐储存,夏、秋季上市。土豆的品种较多,形状有球形、椭圆形、扁平形等,颜色有黄色、白色、红色等,白色最为常见。其营养丰富,富含淀粉和各种维生素,国外营养学家称它为"十全十美的食物""第二面包",许多国家用它作主食。土豆有和胃、调中、健脾益气、消炎等功效。

烹饪运用:土豆食法多样,炒、煮、炖、焖等均可,在面点中主要用于制作土豆泥等系列食品。土豆去皮后易变色,因此,去皮后要泡在水中,防止褐变。土豆发芽后会产生龙葵素等有毒成分,特别是在发芽部分,因此,发芽的土豆最好不要食用。

土豆

山药

2. 山药　山药又称薯芋、怀山药,是一种药食两用的蔬菜,是人类较早食用的蔬菜之一。山药肉质块茎肥大,形状有扁块形、长柱形、圆筒形三种,颜色有白色、浅紫色等。山药按生长环境分为人工栽培山药和野生山药。山药肉质脆嫩、洁白、易折断、多黏液、富含膳食纤维和维生素等,有补中益气、除寒热湿邪、强筋健脾等功效,可以增强人体免疫功能,有助于提高记忆力,是人们喜爱的保健佳品。

烹饪运用:生食、煮粥、炒、煮汤等均可,在面点制作中主要用于制作山药泥、馅心等。

3. 藕　藕又称莲藕、玉节、玉玲珑,是水生植物莲的肥大根茎,长有节,中间有数个管状小孔,折断后有丝。原产于印度,现我国各地均有栽培。秋、冬季上市较多。藕富含水分和淀粉,质地爽脆、肉质洁白,是重要的水生蔬菜之一,含多种维生素和矿物质,有解渴、醒神、止血、开胃等功效。其植物的叶、梗、花、果及果心均可食用或入药,且对人体有一定的药用价值。

烹饪运用:藕可生食,但多用于熟食,在面点制作中主要用于制作藕粉、藕团。

藕

姜

4. 姜　姜又称生姜、黄姜等,食用部位为地下肉质根状茎。品种有大白姜和小黄姜。四季均有供应。姜根据生长期的不同,分为老姜和嫩姜。姜除含有维生素、矿物质等营养成分外,还含有辣味的姜油酮、姜油醇等物质。除食用外,姜也可入药,具有解毒、散寒、温胃、止呕、止咳、止泻等功效。

烹饪运用:炒、拌、泡等均可,常作为佐料,在面点制作中主要用于馅心的调味,特别是在荤馅制作中可以起到去腥、解腻、增香的作用。

5. 大蒜　大蒜又称蒜、蒜头,原产于欧洲南部和中亚地区,目前我国各地均有栽培。大蒜有白皮和紫皮之分,主要用作调味品。大蒜含有大蒜素,因而辛辣味浓,具有较强的杀菌作用,其营养丰富、香味浓郁,可增进食欲。

烹饪运用:大蒜用途较广,在烹饪中常作为调味品使用,也广泛运用在面点馅心的制作中,使馅心具有更加独特的口味。

大蒜　　　　　　　　　　　　　　　洋葱

6. 洋葱　洋葱又称葱头、圆葱等,原产于伊朗、阿富汗,目前我国各地均有栽培,四季均能生长,以秋季上市较多。洋葱的形状有球形、扁球形和椭圆形,外皮的颜色有红色、黄色、白色三种。以葱头肥大、外皮完整、无损伤、有光泽,不抽薹,辛辣味浓者为上品。洋葱富含维生素、矿物质和挥发油,具有刺激的辛辣味,其所含的硫化合物有杀菌作用、生物活性成分有利尿作用;洋葱油具有降血脂的作用;钾和钠的含量较高,有扩张血管、降血压的作用;含有的甲苯磺丁脲有降血糖作用,微量元素硒有抗癌作用。因此,洋葱是一种集营养、医疗与保健作用于一身的特色蔬菜,有"菜中皇后"的美称。

烹饪运用:洋葱用途广,是西餐制作中常用的原料,在中式面点制作中多用来制作馅心。

三、叶菜类

(一)普通叶菜类

1. 小白菜　小白菜又称青菜、鸡毛菜、油白菜、普通白菜,属于十字花科蔬菜,其颜色较青。小白菜是含矿物质和维生素最丰富的蔬菜。小白菜含钙量高,是防治维生素 D 缺乏病(维生素 D 缺乏性佝偻病)的理想蔬菜。其还含维生素 B1、维生素 B6、泛酸等,具有缓解精神紧张的作用。

小白菜

烹饪运用:可清炒或与香菇、蘑菇、笋一起炒,还可煮食,亦可做成菜汤或者凉拌食用,或围边点缀、加工成腌菜等。

2. 空心菜　空心菜又称竹叶菜、通菜、蕹菜,原产于中国、印度,目前我国华南和西南地区栽培较多。夏、秋季所产者品质较好。空心菜含有蛋白质、脂肪、糖类、钙、磷、铁、胡萝卜素,维生素B2、维生素 C 及烟酸等成分。空心菜可用于血热所致的鼻衄、咳血、吐血、便血、痔疮出血、尿血、热淋、小便不利,或妇女湿热带下;还可用于野生菌中毒轻者,以及疮肿、湿疹、毒蛇咬伤等。

烹饪运用:可凉拌、焅炒、做汤等,少数地区还用其制作饺子馅。烹饪时加蒜,可以起味,用腐乳汁炒制后风味别致。

空心菜　　　　　　　　　　　　　　　　生菜

3.生菜　生菜是叶用莴苣的俗称,原产于欧洲地中海沿岸地区,由野生种驯化而来。生菜传入我国的历史较悠久,东南沿海,特别是大城市近郊、两广地区栽培较多,台湾地区种植尤为普遍。生菜中膳食纤维和维生素C含量较白菜高,有消除多余脂肪的作用,故又称减肥生菜。生菜中含有一种"干扰素诱生剂",可刺激人体正常细胞产生干扰素,从而产生一种"抗病毒蛋白"抑制病毒复制。因其茎叶中含有莴苣素,故味微苦,具有镇痛催眠、降低胆固醇含量、辅助治疗神经衰弱等功效。生菜中含有甘露醇等成分,有利尿和促进血液循环的作用。

烹饪运用:生菜的主要食用方法是生食,为西餐蔬菜沙拉的当家菜。另外,其也可以和肉等荤性浓汤一起做上汤生菜。

4.菠菜　菠菜又称波斯草、鹦鹉菜,因其根红,又称赤根菜等,原产于伊朗,我国唐代时已有栽培,现全国各地均有栽培。常见的品种有尖叶菠菜、圆叶菠菜和大叶菠菜等。冬、春季上市。菠菜营养丰富,含有丰富的维生素、矿物质和膳食纤维,能促进人体新陈代谢,帮助消化,对痔疮、慢性胰腺炎、便秘、肛裂等病症有治疗作用。

烹饪运用:菠菜可以炒、拌、烧、做汤和当配料用等。菠菜中含有草酸,过多的草酸会影响人体对钙的吸收,并影响口味,因此,菠菜在加工前一般应先焯水。菠菜在面点制作中主要用于制作馅心或取汁配色等。

菠菜　　　　　　　　　　　　　　　　番薯叶

5.番薯叶　番薯叶又称地瓜叶。每100 g鲜番薯叶含脂肪0.2 g、糖4.1 g、铁2.3 mg、磷34 mg、其他矿物质16 mg、胡萝卜素6.42 mg、维生素C 32 mg。其矿物质与维生素的含量均属上乘,胡萝卜素含量甚至超过胡萝卜。番薯叶被亚蔬-世界蔬菜中心称为"蔬菜皇后"。

烹饪运用:清炒、煲汤均可,但海南人常用做法是用自制虾酱炒番薯叶。

(二)结球叶菜类

1. 大白菜　大白菜又称结球白菜、黄芽菜、唐白菜。中国自古就有栽培,主要产于山东、河北、河南等省,是我国北方主要栽培品种,常见的有散叶变种、半结球种、花心变种和结球变种。大白菜热量低、纤维素含量丰富,有利于肠道蠕动和废物排出,有养颜祛毒之功效,是预防糖尿病和肥胖症的理想食品,大白菜还含有钼、硒等微量元素及丰富的维生素 A 和维生素 C,有抗癌作用。

烹饪运用:做成冷、热菜均可,适合拌、烩、炒、腌、烧、熘、涮、扒、塌、炖、蒸等多种制作方法;还可做汤和制作面点的馅心,也是制作泡菜的主要原料。

大白菜　　　　　　　　　　　　　　　　包菜

2. 包菜　包菜又称卷心菜、洋白菜等,起源于地中海沿岸地区,16 世纪开始传入我国,现在我国各地普遍栽培。按叶球的形状,包菜可分为尖头形、圆头形和平头形三种。包菜含有多种维生素和矿物质。新鲜的包菜汁对消化性溃疡有一定的止痛和促进愈合作用。

烹饪运用:可生吃,制作蔬菜沙拉;可熟食,作为主、配料,适合拌、炒、腌、烧、烩等烹饪方法;也可制作面点的馅心,还是制作泡菜的较好原料。

(三)香辛菜类

1. 韭菜　韭菜又称草钟乳、起阳草、长生韭、懒人菜,以嫩叶和柔嫩的花茎供食用。按食用部位不同,韭菜可分为叶韭、花韭、叶花兼用韭等,以叶韭产量最大。韭菜耐寒,冬季可培育韭黄,韭黄是韭菜不见阳光发芽而培育成的品种,清香鲜嫩。韭菜质地鲜嫩、清香、营养丰富,含有大量纤维素、维生素及矿物质,具有健胃、提神、活血化瘀、补肾壮阳等功效。此

韭菜

外,韭菜还含有挥发性的硫化丙烯,具有香辛辣味,有促进食欲的作用。

烹饪运用:既可作主料,又可作配料,适合拌、炒、熘、爆等烹饪方法,还可以制作各种饼类、饺类、包子的馅心。

2. 芹菜　芹菜又称香芹、药芹,有旱芹和水芹之分,是我国栽培历史比较悠久的蔬菜,现全国各地均有栽培。芹菜按外形可分为青芹、白芹和大棵芹,按其叶柄的组织结构可分为空心芹菜、实心芹菜。芹菜一般以绿色叶柄为主要食用部位,质感脆嫩,营养丰富;其叶也可食用,味稍苦,可用水浸泡或用开水稍焯一下,去其苦味。芹菜具有清热、止咳、健胃、利尿和提神健脑之功效。

其膳食纤维及矿物质铁、钙含量丰富,经常食用对缺铁性贫血及便秘有一定疗效。同时,芹菜还有降血压的作用。水芹是一种多年生宿根草本植物,以其嫩茎或叶柄为主要食用部位,主要产于长江中下游地区。

烹饪运用:可制作冷、热菜,适合拌、炝、炒等烹饪方法;也可用于制作面点的馅心,如芹菜饺子;还可腌制、泡制小菜。西餐中经常用作调味品。

芹菜

葱

3.葱　葱又称菜伯、和事草,主要以叶鞘组成的肥大假茎和嫩叶供食用,原产于我国西部和西伯利亚,我国是栽培葱的主要国家。主要品种有大葱、分葱、细香葱、韭葱等。其品质以植株鲜嫩,香味浓郁,不带黄叶、烂叶,中心不抽薹者为佳。其含有维生素C、胡萝卜素、磷和硫化丙烯,具有特殊的辛香辣味,能增进食欲。

烹饪运用:主要用作调味品,有去腥增香的作用;也可用作主料,适合炒、烧、扒、拌等烹饪方法;还可用于制作面点的馅心。

四、花菜类

1.花菜　花菜学名为花椰菜,又称番芥蓝,以巨大花蕾供食用。花菜的营养成分比一般蔬菜丰富。其含有蛋白质、糖类、膳食纤维、维生素和钙、磷、铁等矿物质。花菜质地细嫩,味甘鲜美,极易消化吸收,特别适合中老年人、儿童和脾胃虚弱、消化功能不佳者食用,有清热解渴、利尿通便之功效。花菜提取物莱菔子素可激活分解致癌物的酶,从而减少恶性肿瘤的发生,加之其所含的多种维生素、纤维素、胡萝卜素、微量元素硒都对抗癌、防癌有益,因此花菜是防癌、抗癌的保健佳品。

花菜

烹饪运用:花菜可以清炒,也可以制作凉菜。花菜常有农药残留,还容易生菜虫,可以将花菜放在盐水中浸泡,食用前焯水备用即可。另外,花菜烧煮和加盐时间不宜过长,这样才不致丧失和破坏防癌、抗癌的营养成分。

2.西兰花　西兰花学名为西蓝花,俗称青花菜。其顶端呈墨绿色,开有小花,枝茎呈淡绿色,整颗菜似捆扎起来的一团花束。西兰花原产于西方,后期才传入我国,并逐渐成为我国居民日常餐桌上常见的一种蔬菜。西兰花营养成分含量高,而且十分全面,主要包括蛋白质、糖类、脂肪、矿物质、维生素C和胡萝卜素等,其中维生素种类非常齐全,尤其是叶酸含量丰富。西兰花还含有抗癌物质葡萄糖异硫氰酸盐,它可阻止早期癌细胞生长,具有特殊的保健作用。因此,西兰花的平均营养价值及防病作用居同类蔬菜前列,被誉为"蔬菜皇冠"。

烹饪运用:西兰花的做法多种多样,既可以单独炒着吃、拌着吃,也可以和其他食材搭配食用。比如,常见的菜肴有西兰花虾仁、炝拌西兰花、蒜蓉西兰花。此外,西兰花也广泛运用在蔬菜沙拉里。

西兰花

芥兰

3.芥兰　芥兰学名为芥蓝,又称菜花,为十字花科一年生草本植物,以肥嫩的花薹和嫩叶供食用,质脆嫩、清甜,主产于中国广东等地。芥兰含丰富的维生素 A、维生素 C、钙、蛋白质、脂肪和植物多糖,有润肠、去热气、下虚火、止牙龈出血的功效。芥兰含有机碱,以及独特的苦味成分奎宁,这使它带有一定的苦味。这些成分能刺激人的味觉神经,增进食欲,加快胃肠蠕动,有助于消化,还能抑制过度兴奋的体温中枢,起到消暑解热作用。芥兰是维生素 A、维生素 C 含量最高的绿叶蔬菜。其维生素 C 的含量也高于一般水果的含量,差不多是苹果的 20 倍。芥兰含有丰富的硫代葡萄糖苷,它的降解产物为萝卜硫素(一种抗癌成分),经常食用还能降低胆固醇含量、软化血管、预防心脏病。

烹饪运用:芥兰炒、拌、煮等均可。炒芥兰时可以放点糖和料酒,糖能掩盖它的苦涩味,料酒可以起到增香的作用。

五、果菜类

(一)茄果类

1.辣椒　辣椒又称番椒、辣茄,夏、秋季大量上市。嫩辣椒呈果绿色,成熟后呈红色或黄色。辣椒是重要的蔬菜和调味品。辣椒有青椒和红椒之分。青椒富含维生素 C,可以帮助清除体内的有害自由基,提高身体免疫力。红椒的色素成分主要是胡萝卜素和辣椒红素。辣椒中的辣味来自辣椒碱等物质。辣椒虽能驱寒、止痢、杀虫、增进食欲、促进消化,但膳食上应当讲究五味调和,过于偏爱辣味,易造成脏腑阴阳失调,产生疾病。

烹饪运用:辣椒可以自成一菜,也可搭配别的食材烹饪,酿、拌、泡、炒、煎或调味、制馅等均可。

2.番茄　番茄又称西红柿,原产于中美洲和南美洲,现我国各地普遍有栽培,夏、秋季出产较多。现作为食用蔬果在全世界范围内广泛种植。其颜色有红色、粉红色、黄色三种。果肉多汁、味酸甜。番茄富含维生素 A、维生素 C、维生素 B1、维生素 B2 以及胡萝卜素和钙、磷、钾、镁、铁、

辣椒

锌、铜和碘等多种元素,还含有蛋白质、糖类、有机酸、纤维素。近年来,营养专家研究发现,番茄还具有新的保健功效和防治多种疾病的药用价值。番茄皮营养丰富,食用时应该保留。

烹饪运用:番茄可以生食,煮食,加工成番茄酱、番茄汁或整果罐藏。

番茄　　　　　　　　　　　　　　　茄子

3.茄子　茄子又称落苏,营养丰富,含有蛋白质、脂肪、糖类、维生素以及钙、磷、铁等多种营养成分。茄子中维生素P的含量很高,每100 g中含维生素P 750 mg。能增强人体细胞间的黏着力,增高毛细血管的弹性,防止微血管破裂出血。茄子还含有钾等微量元素和胆碱、葫芦巴碱、水苏碱、龙葵碱等多种生物碱。紫色茄子中维生素含量更高,可以抑制消化道肿瘤细胞的增殖。茄子中所含的维生素C和皂草苷具有降低胆固醇含量的功效。国外学者提出的"降低胆固醇12法"中,食用茄子即是其中之一。茄子所含的B族维生素对痛经、慢性胃炎及肾炎水肿等也有一定的辅助治疗作用。

烹饪运用:拌、蒸、烩、炸、红烧、油焖、腌渍等均可。茄子吸油,以熟烂为好。

(二)荚果类

1.四季豆　四季豆俗称豆角,又称芸豆、芸扁豆等,为一年生草本植物,以嫩荚或豆粒供食用,是餐桌上的常见蔬菜之一。其豆荚大多为绿色,也有黄色、紫色或具斑纹者;质地脆嫩、味鲜清香。四季豆的营养成分很丰富,如蛋白质、维生素、矿物质、糖类等,吃四季豆可以补充营养、增强免疫力。中医认为,四季豆味甘、淡,性微温,归脾、胃经,有调和脏腑、安养精神、益气健脾、消暑化湿和利水消肿的功效,化湿而不燥烈,健脾而不滞腻,为调理脾虚暑湿常用之品。

烹饪运用:四季豆清炒、焯熟凉拌均可。烹饪前应将豆筋摘除,否则既影响口感,又不易消化。烹煮时间宜长不宜短,要保证四季豆熟透,否则会引起中毒。

四季豆　　　　　　　　　　　　　　　　秋葵

2. 秋葵　秋葵俗称羊角豆。它的可食用部位是荚果,秋葵分为绿色和红色两种,特点是脆嫩多汁,滑润不腻,香味独特。近年来,在日本,中国台湾、香港及西方国家,秋葵已成为热门畅销蔬菜。秋葵含有蛋白质、脂肪、糖类、维生素,以及钙、磷、铁、硒等矿物质,对增强人体免疫力有一定帮助,对治疗咽喉肿痛、预防糖尿病、保护胃黏膜有一定作用。

烹饪运用:秋葵可凉拌、炒、炸、炖等,也可以做蔬菜沙拉、汤菜。

(三)瓜果类

1. 冬瓜　冬瓜又称白瓜、枕瓜。冬瓜肉白,疏松多汁,味淡。冬瓜营养成分丰富,富含维生素C、亚油酸、油酸等成分,可以起到延缓衰老、美容养颜的功效;冬瓜中所含的葫芦巴碱和丙醇二酸等活性物质,能有效阻止机体中糖类向脂肪的转化,还可以把多余的脂肪消耗掉,防止脂肪在体内堆积;冬瓜中富含膳食纤维,能降低体内胆固醇含量,降血脂,防止动脉粥样硬化;冬瓜不含脂肪且钠含量低,可以促进人体新陈代谢,对于利尿排湿、消除水肿有一定作用。

烹饪运用:冬瓜烧、烩、蒸、炖等均可。

冬瓜　　　　　　　　　　　　　　　　黄瓜

2. 黄瓜　黄瓜又称青瓜、胡瓜、刺瓜、王瓜、勤瓜,为葫芦科黄瓜属一年生蔓生或攀援草本植物。中国各地普遍有栽培,且许多地区有温室或塑料大棚栽培种。黄瓜为中国各地夏季主要蔬菜之一。黄瓜富含蛋白质、糖类、维生素B2、维生素C、维生素E、胡萝卜素、烟酸、钙、磷、铁等营养成分。现代医学研究表明,新鲜黄瓜中含有的黄瓜酶能有效促进机体新陈代谢,扩张皮肤的毛细血管,促进血液循环,增强皮肤的氧化还原作用,因此黄瓜具有美容功效。同时,黄瓜含有的丰富维生素能够为皮肤提供充足的养分,有效对抗皮肤衰老。黄瓜还具有除热、利水利尿、清热解毒的功效,主治烦渴、咽喉肿痛、风火眼、火烫伤。

烹饪运用:黄瓜可以生吃,也可以做凉拌菜。黄瓜皮所含营养成分丰富,应当保留。但为了预防农药残留对人体的伤害,黄瓜应先在盐水中泡15～20 min,再洗净生吃。用盐水泡黄瓜时切勿掐头去根,要保持黄瓜的完整,以免营养成分在泡的过程中从切面流失。另外,凉拌菜应现做现吃,不要做好后长时间放置,做好后长时间放置也会促使维生素损失。

3.苦瓜　苦瓜别名为癞葡萄、凉瓜、锦荔枝等,为葫芦科苦瓜属一年生攀援草本植物苦瓜的果实。其原产于东印度,现广泛栽培于世界热带到温带地区。中国南北普遍有栽培。夏季大量上市。苦瓜中蛋白质、糖类等含量在瓜果类蔬菜中较高,尤其是维生素C和钾的含量很高,分别为56 mg/100 g和256 mg/100 g,较黄瓜、菜瓜和冬瓜高几倍。苦瓜具有祛暑涤热、明目解毒的功效,常用于治疗暑热烦渴、赤眼疼痛、疮痈肿毒等。

烹饪运用:苦瓜拌、炒、烧等均可,也可糖渍。苦瓜中草酸含量较高,所以苦瓜在烹饪前必须焯水。焯水时加入少许盐,可以使苦瓜颜色更翠绿,焯水时间不要过长,焯水后放在冷水中投凉,可以保持苦瓜脆嫩的口感。

苦瓜

青木瓜

4.青木瓜　青木瓜又称番木瓜、番瓜,富含木瓜酵素、木瓜蛋白酶、胡萝卜素等营养成分。其有助消化、润滑肌肤、刺激女性激素分泌等功效,是一种深受女性欢迎的美容食品。新鲜青木瓜一般带有苦涩味,果浆味也比较浓。

烹饪运用:木瓜可以生吃,也可以炒、煲汤等。

六、芽菜类

1.绿豆芽　绿豆芽又称银芽,营养价值比绿豆更高。绿豆在发芽过程中,维生素C含量会增加,部分蛋白质更容易被人体吸收。绿豆芽有很高的药用价值。绿豆芽性凉、味甘,能清暑热、通经脉、解诸毒,还能补肾利尿、滋阴壮阳、降血脂和软化血管。因绿豆芽性凉,体质虚弱的人不宜多食。

烹饪运用:可以炒、拌、做汤,也可以制作沙拉。

2.黄豆芽　黄豆芽又称大豆芽、清水豆芽,富含蛋白质、维生素、胡萝卜素。其对脾胃湿热、大便秘结、高血脂有食疗作用。在发芽过程中,黄豆中使人胀气的物质被分解,营养成分更容易被人体吸收。

烹饪运用:可以炒、拌、做汤,也可以制作沙拉。

绿豆芽

黄豆芽

七、野生蔬菜

1.革命菜　革命菜学名为野茼蒿,又称安南草,是海南中部五指山地区常年生长的野生蔬菜。它以丰富、水灵的外观,清香嫩滑的口感博得人们的喜爱。每年春、夏、秋三季,可摘其嫩茎叶、幼苗,炒食后甜滑可口,味道极佳。据说当年冯白驹将军率领的琼崖纵队能在五指山地区坚持革命斗争23年红旗不倒,就是靠这种野生蔬菜充饥,故名"革命菜"。革命菜性平,味甘、辛,《本草纲目》记载:茼蒿安心气,养脾胃,消痰饮,利肠胃。革命菜含蛋白质、膳食纤维、胡萝卜素、维生素C等营养成分。

烹饪运用:可生吃,可凉拌,可炒食,可煮汤。

革命菜

雷公笋

2.雷公笋　雷公笋学名为闭鞘姜,是海南特有的野生草本植物。其为姜科多年生宿根直立草本植物,通常高约1.2 m,顶部常分枝,茎圆有节,稍带紫红色。它遍布琼南山区的溪沟旁、田坎上、山湾里、岭脚下。每逢四五月春风化雨时破土而出。茎笋约食指般粗细、筷子般长短。

烹饪运用:雷公笋肉质厚、质鲜嫩脆、清香可口,可鲜食,或将茎制成酸笋;可煲汤,还可制成保鲜笋、清水罐头、腌制品、干制品和饮料。

3.雷公根　雷公根是海南黎族同胞经常食用的一种野生蔬菜。因其叶子酷似马蹄或半个铜钱,又称"马蹄草""连钱草"。其生于阴湿荒地、村旁、路边、水沟边。茎伏地,节上生根。叶互生,叶柄长;叶片圆形或肾形,直径2~4 cm。

烹饪运用:将雷公根与河里的小鱼虾或肉骨同煮,可制作极可口的佳肴。

4.曲毛菜　曲毛菜又称蕨菜、龙爪菜、龙头菜、拳头菜,是生长于五指山地区的一种凤尾蕨科草本植物。其食用部位是未展开的幼嫩叶芽,是当地的一道特色美食,供不应求。其嫩梢叶片卷曲,形如卷发,故民间称"曲毛菜"。曲毛菜被称为"山菜之王",是不可多得的美味。

烹饪运用:曲毛菜在海南较常见的食用方法为鲜炒或做汤,还可以加工成干菜、制作馅心或

Note

雷公根

曲毛菜

腌制成罐头等。

5. 野苋菜　野苋菜又称假苋菜、土苋菜、刺刺菜。茎直立或伏卧,叶互生,全缘,有柄。其生长在丘陵、平原地区的路边、河堤、沟岸、田间、地埂等处。

烹饪运用:野苋菜可凉拌、可清炒,如大蒜清炒野苋菜。

野苋菜

麻竹笋

6. 麻竹笋　麻竹笋别名甜竹、大绿竹、瓦坭竹。五指山麻竹笋生长于五指山深山沟里,笋肉厚质幼滑、甘脆稚嫩、鲜美可口,是国内罕见的食用笋品种,素有"岭南山珍"美称,被国内外誉为"第一绿色保健食品"。

烹饪运用:麻竹笋切片或切丝后用水泡 10 min 即可做凉拌菜,可蒸、炒、焖、涮火锅等,是宴客的美味佳肴,更是健康调理的佳膳珍品。

任务 3

蔬菜类原料的品质鉴别与储存

一、蔬菜类原料品质鉴别的基本要求

1. 外形　新鲜蔬菜外形完整、形态饱满,不同的蔬菜外形不一。如果出现干瘪、发霉、腐烂现象,其外形也会改变。

2. 色泽　各种蔬菜都应具有本品种固有的颜色,大多数有发亮的光泽,表明蔬菜成熟及鲜嫩。除杂交品种外,一般品种都不能有其他因素造成的异常色泽及色泽改变。如果出现色泽暗淡、无光泽或变黄、变黑等现象,则表明蔬菜的新鲜度降低,甚至变质。

3. 质地　新鲜蔬菜质地爽脆、鲜嫩,枝叶挺拔。如果出现枝叶萎蔫、质地老韧、纤维粗硬,则表明新鲜度降低。

4. 含水量　蔬菜中的水是保持其形态饱满、枝叶挺拔、口感脆嫩的主要因素,但含水量过高也会加快蔬菜的变质。新鲜蔬菜含水量正常,如果出现萎蔫、干瘪、糠心、质量减轻等现象,则表明新鲜度降低。

5. 病虫害　新鲜蔬菜无霉烂和虫蛀现象,如果出现霉斑或虫蛀现象,表明新鲜度降低。但应该提到的是,近年来由于农药使用过多,蔬菜的病虫害大为减少,但农药残留量过大,食用时应该注意。

二、蔬菜类原料储存的基本方法

通常使用以下方法来储存蔬菜。

(一)简易储藏法

1. 通风保藏法　此种方法是使空气流通,从而带走蔬菜自身因呼吸作用而产生的热量,降低温度和湿度。但由于空气的流通,蔬菜的水分挥发得较快。

2. 堆藏法　此种方法是将蔬菜按一定的形式堆积起来,然后根据气候变化情况,用绝缘材料加以覆盖。此种方法可以防晒、隔热或防冻、保暖,以便达到储藏保鲜的目的。堆藏法按地点不同,可分室外、室内和地下室堆藏法等。

3. 架藏法　此种方法是将蔬菜存放在搭制的架上进行储藏保鲜。架藏法按照储藏架的头端和放置蔬菜的方式,可分为竖立架、"人"字形栅架、塔式挂藏架、斜坡式挂藏架和"S"形铁钩等储藏形式。

4. 埋藏法　此种方法是将蔬菜按照一定的层次埋放在泥沙、谷糠等埋藏物内,以达到储藏保鲜的目的。埋藏法可分为露天、室内、容器物内和沟中保藏法等。

5. 窖藏法　窖藏法主要使用棚窖、土窖洞和井窖等,其中以棚窖最为普遍。窖藏能利用变化缓慢而稳定的土温,以及简单的通风设备来调节和控制窖内的温度,产品可以随时入窖和出窖,并能及时检查储藏情况。此种方法主要适用于根茎类蔬菜及大白菜等的储存,使蔬菜处于较低的温度和适宜的湿度下。

（二）低温保藏法

此种方法在蔬菜的储存中应用得比较普遍。低温保藏法又称冷藏法,是指蔬菜在 0～2 ℃ 进行储藏。在这个温度条件下,蔬菜一般处于休眠状态,蔬菜中酶的活性被抑制,蔬菜自身的生理活动降低。低温保藏法不受气候条件的影响,可以常年进行储藏,储藏效果好。

（三）其他方法

1. 减压储藏法　此种方法是低温和低压结合的储藏方式。其方法是在储藏蔬菜的冷藏室内,用真空泵抽出空气,使室内气压降低到一定程度,并在整个储藏期内始终保持低压。同时,经压力调节器,将新鲜空气不断通过加湿器送入冷藏室,使室内的产品始终处于恒定的低压、低温、高湿和新鲜空气的环境之中。

2. 电磁处理　目前采用的方法有磁场处理和高压电场处理两种方法。国内已有负离子空气发生器和臭氧发生器设备。采用负离子空气处理和臭氧处理,可以抑制蔬菜呼吸,延缓成熟,减少腐烂。

蔬菜在储存过程中,注意不要与水产品、肉类及活家禽等存放在一起,以防止交叉感染。储存时,应尽量选择新鲜、完整、无机械损伤的蔬菜。

 课后练习

简答题

1.蔬菜中的营养成分有哪些?

2.蔬菜的种类和应用有哪些?

3.蔬菜的品质鉴别和储存方法有哪些?

在线答题

项目 3
果品类原料

【学习目标】

    1.学习并掌握果品类原料的基础知识。

    2.学习并掌握果品类原料的分类及烹饪运用。

    3.学习并掌握果品类原料的种类与品质鉴别。

【项目导入】

    海南地处热带北缘,属热带季风气候,素来有"天然大温室"的美称,这里长夏无冬,年平均气温 22~27 ℃,年光照 1750~2650 h,光照率为 50%～60%,光照充足,光合潜力高。海南入春早,升温快,昼夜温差大,全年无霜冻,冬季温暖,稻可三熟,菜满四季,盛产各种热带及亚热带水果,品种繁多、口感好,受欢迎程度高,因此海南也被称为"热带水果天堂"。

扫码看课件

果品类原料的基础知识

一、果品类原料的概念及营养特点

果品是人工栽培的木本和草本植物的果实及其加工制品等一类烹饪原料的总称。果品类原料主要为人类提供维生素、糖类、膳食纤维、铁、钾以及少量含氮物和微量脂肪。此外,果品还含有机酸、多酚类物质、芳香物质、天然色素等成分,是人们常吃的美食,能够促进消化和身体健康,也是人类必需的补充营养的食物。

二、果品类原料的分类

(一)按果实结构分类

(1)浆果类:这类水果果实是由单心皮或多心皮的子房发育而成的。果实肉质柔软多汁,由一层外果皮包围,中果皮及内果皮几乎全为浆质。如香蕉、猕猴桃、柿子等。

(2)瓜果类:这类水果由花托、外果皮、中果皮、内果皮、胎座、种子构成,其果皮在成熟时会形成坚硬的外壳,可食内果皮为浆质。如哈密瓜、西瓜、甜瓜等。

(3)柑橘类:这类水果由外果皮、中果皮、内果皮、种子构成,内果皮形成果瓣状,富含浆质,是主要食用部位,由外果皮包围。如柑橘、柠檬、橙等。

(4)核果类:这类水果的外果皮较薄,中果皮为可食用的浆质部分,内果皮形成坚硬的外壳,称为果核,里面长有果仁,也就是种子。如桃子、荔枝、龙眼等。

(5)仁果类:这类水果中心部分由薄壁构成类似于种子室的结构,室内含有种仁,称为种子。如苹果、梨等。

(二)按市场商品分类

(1)鲜果类:苹果、香蕉、西瓜、梨等。

(2)干果类:腰果、花生、栗子等。

(3)加工制品类:蜜饯等。

(三)按纬度气候分类

(1)热带水果:芒果、香蕉、菠萝、荔枝等。

（2）亚热带水果：枇杷、柑橘等。

（3）温带水果：苹果、梨、柿子、葡萄等。

三、果品类原料的烹饪运用

（1）作为辅料增加风味或者作为装饰物美化外观，例如柠檬鸡爪、水果蛋糕等。

（2）作为烹饪菜肴主料或者配料制作菜肴，例如拔丝苹果、菠萝咕咾肉等。

（3）制作干果蜜饯，例如葡萄干、果脯、罐头等。

（4）制作果酒、果醋等，例如苹果醋、葡萄酒、梅子酒、杏仁酒等。

果品类原料种类

一、鲜果类

（一）苹果

苹果属于温带水果，其树是蔷薇科苹果亚科苹果属植物，为落叶乔木。现代汉语所说的"苹果"一词源于梵语，为古印度佛经中所说的一种水果，最早被称为"频婆"，后被汉语借用，并有"平波""苹（蘋）婆"等写法。苹果是世界四大水果之一，其品种数以千计，不同的品种在颜色、香味和光滑度等特点上均有区别。苹果原产于欧洲中部和东南部，还有中亚、西亚以及中国新疆。我国主要栽培的品种是从西方引进的，主要生长在辽东半岛、山东半岛等地区。苹果的生长对于土壤的酸碱度、空气的温度和湿度、光照时间有要求，海南的气候不适合苹果的生长。常见的苹果品种有红富士、红将军、花牛、国光、红星等。

1.烹饪运用　苹果属于甜食的一种，可生食，也可制成果干、果酱、苹果醋等。在烹饪中多用炸或煮等工艺方法对苹果进行加工，在烹饪过程中，尽量避免果肉暴露于空气中而导致果肉氧化变黑。烹饪过的苹果所含的天然抗氧化物质多酚类含量会大幅增加，可达到降血糖、排毒养颜的效果。

苹果

拔丝苹果

拔丝苹果：准备苹果、白砂糖、淀粉等食材，苹果去皮切成滚刀块，加入水淀粉（干淀粉加水调成的微稀淀粉糊）中，起锅烧油，待油温七成热以后放入苹果进行炸制，直至苹果表面金黄，捞出。再另起锅烧油，加入适量白砂糖，熬制成黄色糖浆时即可放入炸好的苹果，翻炒均匀，让每一块苹果都能与糖浆充分融合，最后出锅装盘。

2.品质鉴别　苹果的品质可从食用品质、外观品质和营养品质等多方面进行鉴别。苹果的食用品质从果肉的肉质、味道、汁液等方面进行鉴别；多用口尝，肉质松脆多汁、味道酸甜、清香爽口者为佳;也可以用仪器测(糖、酸、汁液等)。苹果的外观品质从苹果的大小均匀情况、果形、色泽亮度、新鲜度、售卖时果实摆放整齐度等方面进行鉴别。苹果的营养品质可从果汁的糖度、酸度及所含维生素、矿物质、蛋白质等方面进行鉴别。不同品种间营养品质差异较小。

3. 储存方式　新鲜水果存放一段时间都比较容易腐烂变质。在自然状态下,可以将苹果用保鲜膜包裹起来密封,然后放在温度低于 10 ℃的干燥环境中进行冷藏,这样不仅可以防止外界细菌对苹果的破坏,还可以抑制苹果本身微生物的繁殖,防止水分流失。苹果在储存过程中会产生乙烯等物质,可以与未成熟的水果进行混合储存,这样可以使未成熟的水果在储存过程中成熟,还可以延长苹果的储存时间。

(二)芒果

芒果学名为杧果,一般习惯称为芒果。目前,芒果是海南主要栽培的水果之一。芒果又称檬果、漭果、闷果、蜜望、望果、庵波罗果,是漆树科杧果属植物的果实。在海南省,芒果主要产区有三亚、陵水、乐东、昌江、东方等地区。核果大且坚硬,果形扁压似肾,中果皮肉质香甜多汁,营养价值高,富含钾等多种矿物质和维生素,含糖量高。芒果生长在阳光充足、温暖、土壤质地疏松的环境中。

1. 品种　在海南,众多芒果品种中比较常见的有以下几种。

(1)贵妃芒:又称红金龙,未成熟的芒果表皮青色中带点紫红色,成熟以后色泽深黄带彩色,无任何斑点,果香中带有甜味。成熟期为 5—7 月。

(2)三亚澳芒:因其个头大而被称为"芒果之王",表皮色泽金黄中带红色霞晕,表面光滑明亮,是世界闻名的芒果品种之一。成熟期为 3—6 月。

(3)大青芒:顾名思义,芒果表皮是青色,看着还没有成熟,实则肉质香甜、富有弹性且呈黄色。

(4)金煌芒:和大青芒是同一品种,因在果实成熟过程中用类似牛皮纸的不透光专用袋套住,表皮接触不到阳光而变黄。品质上乘,肉质香甜多汁,种核扁薄。成熟期为 6—7 月。

(5)鸡蛋芒:果实很小,如同鸡蛋大小,核小味甜,果肉软烂、甜腻多汁。成熟期为 5—7 月。

大青芒

金煌芒

2. 烹饪运用　芒果可制作果汁、果酱、罐头和蜜饯等。芒果味甜,在海南本地,通常用芒果来制作解暑消渴夏日甜品小吃,如芒果班戟、芒果西米露、杨枝甘露、芒果奶昔、芒果糯米糍、芒果布丁、芒果慕斯等。在中餐或西餐菜肴中,芒果可作为配料或者装饰品使用。

芒果班戟:准备好低筋面粉、鸡蛋、芒果等食材,鸡蛋液加入淀粉用打蛋器打发,加入低筋面粉、牛奶慢慢搅拌成均匀的面糊,黄油加热倒进面糊中搅拌均匀,放入冰箱中冷藏一会儿。用平底锅小火加热,倒入小勺面糊摊成圆饼状,成熟即可,用相同的方法多烹制几个,这样班戟皮就制作好了。在皮上放上打发的鸡蛋液,加入适量芒果颗粒,卷起再放入冰箱中冷藏一会儿,软糯香甜的芒果班戟就制作好了。

芒果班戟

3. 品质鉴别　芒果的品质需要从多个方面鉴别。第一步看,看芒果的形状大小是否饱满,一般来说,果形扁长的芒果,核较细小,而果形短粗的芒果,核较粗大。表皮颜色均匀,表面细腻有光泽,表皮上有少量斑点是正常的,但如果有大面积黑斑,说明芒果的肉质已经损坏。第二步闻,品质上乘的芒果本身会散发出清新的芒果香味,香味越浓,说明品质越好。催熟的芒果会有一股异味。第三步触,用手摸芒果的两端,如果都比较硬,说明还没有成熟,芒果的表面光滑有弹性,说明质量上乘。第四步尝,品质好的芒果肉质深黄、香软多汁、甜腻可口,如果果核偏软,果肉呈白色,说明果实还没有成熟。

(三)菠萝

菠萝学名为凤梨,为凤梨科凤梨属植物的果实,原产于巴西,现在我国广东、云南、广西、福建、台湾均有栽培,是著名的热带水果之一。因传入台湾后,台湾人民经过筛选和淘汰培育出了新品种金钻凤梨,也称无眼菠萝,所以菠萝和凤梨是同一种水果的不同名称。菠萝富含维生素和矿物质,能有效帮助肠胃消化吸收,其中菠萝蛋白酶能很好地分解食物中的蛋白质,促进肠胃蠕动。由于菠萝中含有刺激性的苷类物质和菠萝蛋白酶,因此在吃的时候需要先放在盐水或者糖水中浸泡。

菠萝

1. 品种

(1)卡因类,又称沙捞越,多为进口凤梨,主要生长在南美洲卡因地区。植株高大健壮,叶的边角无刺,叶尖有刺。果形较大,呈圆筒形,果眼浅,削皮以后没有"内刺",果心小且甜,味道嫩滑,无须用水泡。

(2)皇后类,是最古老的栽培品种,植株中等大,叶缘有刺,为中国主要栽培品种之一。去皮以后"内刺"多且深,需要挖去果眼。果心大且硬,味道微酸涩,需要用盐水浸泡。

(3)海南种植的主要是从台湾地区引进的金钻凤梨,品种名称为台农17号。此品种具有果皮薄、果眼浅、果肉色泽金黄、肉质紧致多汁、纤维细、果心小的特点。因海南得天独厚的地理环境及气候条件,金钻凤梨特别适合在这种光照充足、温度高、雨量充足的地方生长。金钻凤梨在海南的澄迈、临高、万宁等地均有种植,种植范围广泛。因不同气候、不同地域的影响,出现了与金钻凤梨略有差异的海南菠萝,但追其根源,它们都属于同一物种。

2. 烹饪运用　菠萝的营养价值高,可以根据烹饪需要做多种变化的水果食材,果干、果酱、甜点小吃、中餐料理都可呈现出菠萝独特的风味。如夏威夷虾仁炒饭,是以菠萝本身的果皮当作容器,虾仁、隔夜东北米饭、菠萝丁等为主料,并根据个人喜好加入配料制作而成的炒饭,口感层次丰富,又带有热带风情的特点。传统粤菜菠萝咕咾肉是经典的中国菜肴之一,为酸甜可口的糖醋味型菜肴,菠萝的加入让这道菜肴有了灵魂,菠萝中的菠萝蛋白酶还可以分解肉质,使这道菜具有开胃、易消化的特点。

菠萝咕咾肉:准备好里脊肉、菠萝、青椒、红椒等食材,菠萝改成小块并用盐水浸泡,里脊肉切成段并用酱油、鸡蛋、淀粉等进行腌渍。起锅烧油至七成热,把肉段炸至金黄捞出,再复炸去除水分。另起炉灶,把青椒、红椒炒至断生,把调好味的糖醋汁倒入锅中烧至浓稠,再把菠萝、炸好的肉段放进锅中翻炒均匀,出锅装盘即可。

菠萝咕咾肉

3.品质鉴别　菠萝品质的鉴别,首先要看它的外观形状,优质菠萝的果实呈圆柱形或者两头稍尖的椭圆形,挑选的时候一定要挑选大小均匀、果形端正、芽刺数量少的。其次是看颜色,菠萝的颜色一般都是黄色,或者黄中带一点点绿色,如果菠萝本身带有黑褐色斑点,说明已经开始腐烂变质了。最后,用手按压一下菠萝来感受其硬度,如果按起来有一点点软,那么这种成熟度刚刚好;如果按后凹陷,那么这种菠萝成熟过度了。也可以用鼻子闻一闻,正常的菠萝闻起来非常清香,如果闻起来没有什么菠萝味,说明菠萝品质较差。

(四)荔枝

荔枝又称荔果,是无患子科荔枝属常绿乔木的果实,主要分布于中国南方。荔枝和香蕉、菠萝、龙眼一起并称"南国四大果品",广东和福建是栽培较多的地区。在海南省,荔枝主要产区有海南省东部、东南部、东北部、北部等地区。荔枝含有丰富的糖类和维生素,可以补充能量,缓解疲劳,促进毛细血管中血液的循环,有美容养颜、养心安神的功效。荔枝果实呈心形或圆形,果皮有鳞状或者斑状凸起,果肉晶莹剔透、多汁、清香甜美。荔枝生长

荔枝

在高温高湿、日照充足的地方,以便果实糖分的积累。若花期遇到极端天气,雌蕊无法受粉发育,可能导致荔枝全年无收。

1.品种　荔枝主要的栽培品种很多,例如糯米糍、三月红、黑叶、淮枝等。海南地区种植较多的品种有妃子笑、荔枝王、无核荔枝等。

(1)妃子笑:果实个头比较大,形状比较饱满,红一块绿一块,颜色对比比较明显,果肉爽脆多汁,果味清新香甜,果核较小。荔枝极其不容易保存,在唐代,杨贵妃特别喜爱新鲜荔枝,唐玄宗便命人甄选良品,快马送入宫中博美人一乐,"妃子笑"名称由此而来。成熟期为5—7月。

(2)荔枝王:又称紫娘喜,因果实特别大而出名。其生长在海口市火山口这个独特的地理位置,果肉吸收了火山土壤的多种矿物质,果皮颜色紫红且较厚,果肉呈乳白色,质地嫩滑多汁,含

有丰富的葡萄糖,多吃容易上火。永兴荔枝是海南海口秀英区的特产。永兴镇一直被称为"荔枝之乡",依托火山资源得天独厚的生态优势,保存了多株不同类型的乡土荔枝树,堪称世界自然荔枝资源博物馆。

(3)无核荔枝:海南独有的产品,果肉如凝脂,呈乳白色,晶莹脆嫩,吃起来果肉多、果汁多且没有任何杂渣,味道清甜微酸。果实呈心形,果皮鲜红,成熟期为6—7月。海南省无核荔枝主要分布在澄迈、海口、临高等地。

2. 烹饪运用 正所谓荔枝一日不可过三,是因为古人常说"一颗荔枝三把火",荔枝在盛夏上市,营养成分含量高,食用过多易上火。在夏日,荔枝通常用来制作消暑的清凉甜品,也可作为菜肴的辅料,如荔枝炒肉是经典的荔枝味型菜肴,是广州等地的一道家常季节性菜肴。荔枝不仅可以生吃,还可以根据人们的喜好运用煮、炸、蒸等多种烹调工艺方法来制作菜肴。荔枝做出来的菜肴有清香甜蜜、油而不腻的特点。

3. 品质鉴别 荔枝外壳颜色与荔枝的品种有很大关系,因此,不能单从外壳颜色来鉴别荔枝的好坏,要根据荔枝本身的外形来进行鉴别。荔枝的形状正常情况下是心形或者圆形,如果出现头部尖等情况,说明还没有成熟;荔枝的外壳应是龟裂均匀且不扎手的,用手触摸整体坚硬且富有弹性,剥开皮里面的膜呈白色而不是黑色或者褐色。新鲜荔枝自身会带有清香,果肉清脆有弹性,果汁香甜浓郁,如果出现酸味等杂味,说明已经开始腐烂变质。

(五)香蕉

香蕉又称金蕉、弓蕉,是芭蕉科芭蕉属植物的果实,主要分布在中国的南方地区,如广州、广西、福建、海南,在气候湿热、高温,土层深、土质疏松,排水良好的地区生长旺盛。中国是较早栽培香蕉的国家之一,世界上大部分香蕉品种是从中国传去的。香蕉是海南产量较高的水果之一。香蕉含有糖类、蛋白质、脂肪、淀粉、维生素等多

香蕉

种营养成分,特别是钾、镁两种矿物质含量高,可以防止血压升高及肌肉痉挛,具有消除疲劳的功效。香蕉容易消化吸收且脂肪含量低,老年人、儿童以及正在减肥的人都可放心食用。

1. 品种 海南属于热带季风气候,是香蕉的种植大省,香蕉在海南可全年成熟收获,主要分布在澄迈、乐东、东方、陵水、万宁、临高等地。其中澄迈、乐东是主要的产地。常见的香蕉品种有小米蕉、天宝蕉、南洋红蕉、粉蕉等,海南主要的香蕉品种有以下几种。

(1)巴西蕉:19世纪从澳大利亚引进的一种巴西香蕉品种,在海南的发育期为9～12个月。果皮厚,抗寒、抗旱能力比较强,果实的商业价值高,深受市场的欢迎。

(2)宝岛蕉:比巴西蕉的品种大,果形指数与巴西蕉相似,由台湾本地的北蕉培育而成,从台湾引进后经过培育成为海南推广比较成功的抗病品种之一。产量大,具有抗黄叶病的特点。

(3)南天黄蕉:发育期、抗风性与巴西蕉相近,由宝岛蕉、巴西蕉试种选育而成。假茎的颜色与巴西蕉有较大差别,呈黄绿色,果色深绿。

另外,桂蕉抗2号、中蕉9号等也是海南各个市县种植比较多的品种。

2.烹饪运用　香蕉在烹饪中是作为甜食进行加工的,在中餐中用得最多的烹饪方法是炸制,如拔丝香蕉、脆皮炸香蕉。在西餐中用得最多的是在西式面点中,如香蕉派、香蕉慕斯蛋糕、香蕉班戟等。在一些东南亚国家,人们喜欢用香蕉来炖鱼。

3.品质鉴别　香蕉的品质首先要从外观上来鉴别,香蕉的果梗和香蕉的果体应呈同一种颜色,否则该香蕉可能是催熟的。香蕉的果体应整体洁净、表面光滑、色泽光亮,结构排列整齐,果实大小基本一致,修剪齐全,没有腐烂、瘀伤、黑斑等。剥开果皮,果肉稍硬而不摊浆,柔软糯滑,香甜可口,不涩且无怪味。

(六)龙眼

龙眼是无患子科龙眼属植物的果实,外表看上去像传说中龙的眼睛,所以得名"龙眼"。其主要生长在福建、台湾、广西、海南等热带亚热带地区,这些地区气候温暖湿润,冬季短期的低温有利于龙眼花芽的分化和形成,充足的光照有利于龙眼肉糖分的形成;龙眼对土壤的适应能力强。龙眼含有丰富的葡萄糖和铁,能够补血益气、养心益智、滋补身体、美容养颜,具有改善面色发黄的功效。

龙眼

桂圆和龙眼是同一种水果,龙眼是新鲜的,晒干以后是桂圆,两者的药用功效不一样。

1.品种

(1)石硖龙眼:果形为球形,果皮呈黄褐色,果肉呈乳白色或者浅白色,不透明,肉质结实较厚,果核小。果肉带有蜂蜜味道,清香爽脆,具有极高的品质,深受广大消费者喜爱。

(2)古山二号龙眼:一种比较早熟的品种,果形略大偏圆,果皮呈黄褐色,果肉呈蜡黄色、半透明状,口感鲜甜爽脆,离核不流汁。

(3)大乌龙眼:也称大龙眼、荔枝龙眼、沙眼,果实较大,适合制作干果。果皮呈黄褐色,果肉呈蜡白色、半透明状,肉质淡甜,品质中等。

(4)储良龙眼:被认为是龙眼种植的首选品种,是一种珍稀的优良品种。果肉呈蜡白色、不透明状,肉质厚且清脆,味甜汁少。

另外,龙眼的品种还有广眼龙眼、草铺种龙眼、东边勇龙眼、灵山灵龙龙眼等。

2.烹饪运用　龙眼具有较高的药用价值,在烹饪中主要用于甜品、粥品、凉菜的制作,龙眼红枣粥、桂圆当归饮、龙眼莲子汤、龙眼银耳羹、桂圆山药排骨粥等药膳制品最大限度地发挥了龙眼(或桂圆)的药用价值。

3.品质鉴别　优质的龙眼果皮为黄褐色略带青色,如果青色面积较大,说明还未熟透;如果出现灰暗的棕色,说明放置时间过长,已经不新鲜了。龙眼的果体是饱满光滑、富有弹性的,果实饱满的桂圆都不是圆形的,而是偏圆形的。

(七)椰子

椰子又称胥余、越王头、椰瓢,是棕榈科椰子属植物的果实,植株高大、呈乔木状。外果皮薄且坚硬,中果皮呈厚纤维质,内果皮木质坚硬。其属于热带水果,主要分布在印度尼西亚至太平洋群岛、亚洲东南部地区,适合生长在高温多雨、低海拔湿热地区。其果汁和果肉都含有丰富的营养成分,具有生津止渴、益气祛风、美容护肤的功效。

椰子

1. 品种　中国最主要的栽培品种是异花授粉的高种椰子,根据果色可分为青椰子和红椰子。青椰子也称椰青,是市面上最常见的品种,生长周期较短。椰子水清甜解暑,现摘的果最新鲜,果肉有薄的也有厚的,口感具有奶香味,适合制作椰子冻和椰子鸡。海椰子坚果呈倒卵形或近球形,顶端微具三棱,内果皮为骨质,种子一粒,胚乳内有富含液体的空腔。

另外,猩红椰子、三角椰子等都是比较常见的椰子品种。

2. 烹饪运用　因为椰子果实的特殊性,其果实的果肉部分是不可食用部位,可食用部位是椰子的种子,红椰子未成熟的胚乳可作为水果食用。青椰子的椰子水是海南省著名食物椰子鸡、清补凉等的主要烹饪原料。成熟的椰子脂肪含量高,可榨油,制作各种糖果、糕点及椰奶等各种加工食品。

3. 品质鉴别　椰子的外皮是很好的保护膜,椰子失去了这层保护膜就很容易不新鲜,所以一般要尽量挑选有完整外壳的椰子。在椰子靠近尾巴的地方用手抠一下,如果里面已经干枯说明是老椰子,如果还有水分说明是新鲜的椰子。在内陆看到的椰子大部分是经过去皮加工处理的,购买经过处理的椰子时,可以通过摇晃来选择,能听到水声的就是放久的椰子或老椰子,新鲜椰子摇起来是听不见水声的。

(八) 火龙果

火龙果又称红龙果、龙珠果、仙蜜果、玉龙果,是仙人掌科量天尺属量天尺种植物的果实,为热带亚热带水果。火龙果的叶子已经退化,其是攀援肉质灌木,通过肉质杆茎来进行光合作用,花蕊和果实就生长在植株的杆茎上,喜光耐阴、耐热耐旱、喜肥耐瘠。火龙果原产于中美洲热带地区,在中国只有海南、台湾、广西、广东、福建等地区种植。在海南,火龙果主要分布在琼海、东方、乐东、海口、三亚等市县,因气候条件的特点,火龙果一年四季都

火龙果

可生长成熟。火龙果富含 B 族维生素、钙、纤维素等营养成分,具有降胆固醇、降血脂的功效,是高血压、糖尿病患者较好的代餐食物。

1. 品种　火龙果有红龙果、白龙果、黄龙果、黑龙果、紫水晶、白水晶、巨龙果等品种。白龙果的外形较大,偏椭圆形,果肉是白色的,生长速度较快。红龙果外形相对较圆,香甜多汁,含有甜菜红素,花青素含量高,市面上流通比较广泛。黄龙果外形是黄色的,果肉是白色的,与白龙果营养价值相似,但生长周期比较长,因此产量较低。

Note

2.烹饪运用　火龙果味道香甜、营养价值高,作为配料、装饰品等广泛运用在小吃或者甜品中,如水果捞、水果蛋糕、水果饮料等都可加入火龙果。

3.品质鉴别　对火龙果的品质进行鉴别时,一看表皮,成熟的火龙果表皮光滑,鳞片短、呈绿色,颜色鲜亮,味道清新。如果火龙果尚有部分果皮发白,则这种火龙果很不新鲜,已经快要腐烂了。二看质量,同等大小的火龙果,用手感觉一下,重的火龙果质量好,水分含量低的火龙果质量轻,口感也不会太好。三看形状,若火龙果形状圆润、肚子比较鼓,说明生长过程中营养丰富,果肉多,汁液含糖量高。

(九)橙子

橙子又称黄果、柑子、金环、柳丁,是芸香科柑橘属植物的果实,在中国云南、四川、湖南、广西、广州等地都有种植。橙子似球形,皮厚而光滑,外果皮难以剥离,果实水分含量高,气清香,味道酸甜可口。其营养价值高,富含维生素 C,可调节人体新陈代谢,具有生津止渴、下食消气、润肠通便的功效。

橙子

1.品种　橙子有绿橙、血橙、脐橙、甜橙等品种,海南橙子品种主要为澄迈福橙和琼中绿橙。澄迈福橙被中国果品流通协会等评为"中国十大名橙"之一。这是继"中国国宴特色水果"之后,澄迈福橙的又一殊荣。澄迈福橙是一种具有典型地方特色的热带柑橘类作物,2003 年从广东澄迈县引种栽培成功。它的特点是果大、皮薄、汁多、硒含量高、酸甜可口。琼中绿橙是 1988 年琼中县从广东引进的连江红橙,先后被称为"琼中红橙""海南绿橙"。在琼中得天独厚的自然条件下,经过逐步改良,于 2003 年正式更名为"琼中绿橙"。其先后被评为"海南优质农产品"和"海南省名牌产品"。橙皮为青绿色,果肉为黄色,味道甜润,品质高,在同类产品中,琼中绿橙成熟期比较早,占有很大的市场优势。

(1)甜橙:市场上最畅销的一种品种,主要生长在秦岭以南地区。颜色为橙黄色或者橙红色,果心充实或半充实,果肉为淡黄色、橙红色或紫红色,味道甜或偏酸,种子少或者没有种子,种皮略有肋纹。此系列还有冰糖橙、夏橙、新奇士橙。

(2)血橙:也称红橙,果皮呈橙红色,中果皮呈血色或者暗紫红色,未成熟的果实没有血色;主要产于非洲和欧洲,在中国主要生长在四川、江西等地;喜欢温暖、光线充足、空气湿度大的环境,但不耐水涝。主要血橙品种有西西里岛血橙、玫瑰香橙、塔罗科血橙、摩洛哥血橙、红玉血橙。

(3)脐橙:主要由中国的甜橙传至欧洲,又从欧洲再次引进,最后通过嫁接的方式进行生长和繁殖而成。外表皮呈橙黄色或者橙红色,果顶部有脐,所谓脐是指一些发育不完全的心皮群被成熟的橙皮完全包裹着,或者包裹一部分,导致一部分外露,形状像肚脐。该品种优良,适合鲜食或者榨汁,果味清甜或偏酸。

2.烹饪运用　橙子的做法多种多样,外果皮可晒干作为中药使用,内果皮可经过加工制成果汁等加工品。主要烹饪运用有炖汤、与鸡蛋一起蒸制、用作香煎牛肉丁的主要配料等。

3.品质鉴别　第一,看橙子的大小,橙子并不是越大越好,因为橙子的个头越大,靠近果头部的部分越容易失水,吃起来会影响口感,所以橙子一般选择中等大小的。第二,看橙子表皮的颜色和纹理,表皮光亮、表面无毛孔、颜色为橙红色的橙子皮薄、水分足,果肉吃起来会特别甜,表皮粗糙、表面坑坑洼洼,并且颜色比较淡的橙子,其表皮就比较厚一点,汁液偏少,并且还有一点酸味。第三,看橙子的公母,大部分橙子底部有一个小圆圈,像人的肚脐一样,母橙子的圆圈比较大且凸出,说明橙子内部有籽,在吸收其养分,放的时间越长,营养价值越低;公橙子的圆圈小或者没有,内部结缔组织少,口感香甜,水分多。

(十)陵水圣女果

圣女果又称小西红柿、水果番茄、樱桃番茄等,为茄科番茄属植物的果实。陵水圣女果为海南陵水特产,呈均匀的红色,色泽光鲜亮丽,大小均匀,呈椭圆形,口感清脆香甜。2016年2月,国家质检总局批准对陵水圣女果实施地理标志产品保护。陵水圣女果一般在6月份成熟。

陵水圣女果

圣女果具有生津止渴、健胃消食、清热解毒、凉血平肝、补血养血和增进食欲的功效。经常食用圣女果能促进小儿生长发育,还可以增强人体抵抗力。圣女果富含维生素和番茄红素,具有很强的抗氧化性,可以美白皮肤,还可以清除机体自由基,有延缓衰老的功效。圣女果富含维生素A,维生素A可以很好地保护视力,所以多吃圣女果可以保护视力,缓解眼睛疲劳。圣女果性凉,且其本身富含膳食纤维,既可以促进胃肠的蠕动,又可以很好地清热解毒,对于由内热引起的咽喉肿痛、口舌生疮、大便干结、口渴、口臭、胸膈闷热症状,都有很好的缓解作用。

1.烹饪运用 总体来说,圣女果的烹饪运用与番茄大体相似,但圣女果食用方法更多,炒、爆、煮、烤、挂霜等烹调工艺方法都可用于圣女果。

挂霜圣女果做法如下。

原料:圣女果200 g,细砂糖200 g,绵白糖100 g。

制作:锅下少许清水,放入绵白糖,小火熬至黏稠并呈淡黄色(挂霜状态之后、拔丝状态之前),离锅稍凉一下,倒入洗净的圣女果迅速裹匀,起锅倒入盛有细砂糖的托盘中迅速滚匀,盛入碗中,入冰箱镇凉。

2.品质鉴别 质量上乘的圣女果具有以下特点:果实红色,色泽鲜艳;外观新鲜,表皮光滑、清洁、无异物;完好,无变质;无严重缺陷;无异常外来水分;无冷害、无冻害;无异味。

(十一)番石榴

番石榴又称芭乐,是低糖高纤维的健康水果。常见的番石榴有白心和红心之分,白心的一般硬度较高,口感酸脆;红心的切开后,果肉看起来很像西瓜,半熟的时候

番石榴

Note

口感爽脆清甜,熟透后则甘甜多汁、果肉柔滑,果香更为浓郁。番石榴不但可以鲜食,还可以加工成果汁、果酱、果脯。琼海番石榴是海南琼海特产,为全国农产品地理标志,琼海市被誉为"中国番石榴之乡"。

(十二)莲雾

在海南,莲雾被称为"点不""甜不",因经常从树上掉下来发出一声响,也被称为"扑通"。莲雾甘甜多汁,形似铃铛,红艳动人,肉白娇嫩剔透,果肉入口化汁、清甜爽口,具有清新香气,颗颗诱人。莲雾是海南海口的优质产品之一,种植面积大、规模广,现有品种包括"中国红"和"黑钻莲雾"。莲雾富含矿物质和维生素,营养价值高。

莲雾

菠萝蜜

(十三)菠萝蜜

菠萝蜜学名为波罗蜜,又称木菠萝和树菠萝,是桑科波罗蜜属常绿乔木。菠萝蜜原产于印度和东南亚一带,广泛种植于热带潮湿地区。菠萝蜜是世界上最重、最大的水果,一般重5~20 kg,最重的可达50 kg以上。菠萝蜜有30多个品种,分为硬肉和软肉两大类。每年春季开花,夏季和秋季果实成熟,成熟时香气四溢。隋唐时期从印度传入中国,现广泛种植于海南、福建、广东、广西、云南等地也有栽培,但主产区在海南,现已成为海南水果的一大特产。

(十四)杨桃

杨桃学名为阳桃,又称五莲子、三莲子等,因果肉横切如五角星,故又称"星梨"。杨桃原产于马来西亚、印度尼西亚,广泛种植于热带各地。广东、广西、福建、台湾、云南、海南有栽培。三亚杨桃是海南三亚的特产,是海南闻名遐迩的佳果。其外观呈五棱形,果皮呈蜡质,光滑鲜艳,未熟时为绿色或淡绿色,熟时为黄绿色至鲜黄色;皮薄如膜,纤维少,果脆汁多,甜酸可口,芳香清甜。杨桃在海南的栽培历史已逾千年,主要产地有三亚、陵水、海口、

杨桃

文昌、万宁、琼海等市县。杨桃含有大量挥发性成分,带有一股清香,在茶余饭后吃几片杨桃,会感到口爽神怡,另有一番风味。

1.品质鉴别　要挑选果皮光滑,没有伤痕和裂口,且果皮给人的感觉很光亮的杨桃。太大的杨桃味道不是很足。建议挑选中小个的杨桃,中小个的杨桃比较有杨桃味。挑选的时候可以用手摸一摸,如果感觉很硬,那么是很好的杨桃。杨桃的颜色有些黄又有些绿。挑选的时候可以选绿中带黄色的。棱边的颜色最好是绿色的,这样的杨桃比较新鲜。买的时候可以用手掂量一下,如果很轻,那么可能是存放很久的杨桃,挑稍沉一些的就可以了。

2.储存方式

(1)储存特性:杨桃作为一种新鲜的果实,采摘后在常温下容易变软、失水、腐烂。储存过程中要防止杨桃炭疽病,受害果实腐烂,散发出酒味。

(2)合理采收:如果果实已发育饱满,尚未充分成熟,仍保持青绿色时采收,则称青果采收;如果果实留在树上充分成熟,果色转为黄红蜡色时采收,则称为红果采收。红果较青果品质更佳,但易遭风、鸟、虫害及造成落果。采果时,不能碰伤果实,装果容器要光滑,不能装果太多。

(3)储存保鲜:在常温条件下,不经任何处理,杨桃果实储存2天左右就会失水变软,棱角发生褐变甚至腐烂。低温有利于新鲜杨桃的储存,25%变黄的杨桃果实储存的合适温度为5 ℃。

(十五)红毛丹

红毛丹又称毛荔枝,原产于马来半岛,现广泛种植于东南亚、中美洲等地区。芒种一过,保亭的红毛丹就红了。在国内,红毛丹只适合保亭部分地区大面积种植。截至2022年,保亭全县已种植红毛丹近4万亩,全国最大的红毛丹生产基地正在这里拔地而起,年总产值突破5.3亿元,成功入选国家地理标志产品。红毛丹对生长环境的要求十分苛刻,温度、湿度、土壤、光照等都能影响它的生长。保亭"冬不寒,夏不暑"的自然环境是红毛丹的"天选之地",刚好避开了它怕风、怕寒、怕旱、怕涝的习性。较高的热量、充沛的雨水、白色砂质土壤等条件让红毛丹长势好、开花多,稳实率也很高。

红毛丹

番荔枝

(十六)番荔枝

番荔枝因独特的外形,每个地方都有不同的叫法,如林檎(广东潮汕)、唛螺陀(广西)、洋波罗(广西龙州)、番苞萝(广西凭祥)、释迦、番鬼荔枝、佛头果(台湾)。番荔枝原产于美国热带地区,我国海南、福建、台湾、广东、广西、云南有种植。番荔枝喜光,喜温暖、湿润的气候,要求年平均温度在 22 ℃以上,不耐寒,适合在肥沃、排水良好的砂土中生长,果实成熟期主要为 6—11 月。番荔枝是热带水果,曾被日本认为是世界上维生素 C 含量最高的水果,能延缓皮肤老化、润肠通便、降低血糖、抗癌、促进儿童生长发育、维持神经肌肉应激性等。

(十七)柠檬

柠檬在世界上分布广泛,东南亚、美洲、地中海沿岸以及我国都有分布。我国柠檬一般在秋、冬季成熟,而得益于海南岛得天独厚的气候条件,海南柠檬已实现四季挂果,而且通过控秋花、冬花,能够实现在春、夏季集中上市。柠檬富含维生素 C 等,可入药,用于支气管炎、百日咳、食欲不振、维生素缺乏等。位于万宁的原国营新中农场在全省范围内最早大批次种植北京柠檬。据海南省农业农村厅不完全统计,海南岛除洋浦之外,其他市县或多或少都有柠檬种植,总面积接近 10 万亩。

烹饪运用:在海南本地,很多人烹饪菜肴时取酸从来不用醋,大多借用柠檬清新天然的酸味,来解除鱼类的腥味,搭配浓重的菜肴以消除过度油腻的口感,人们也习惯使用柠檬作为调味品。柠檬还能通过加工,制成各类衍生产品。如柠檬油是食品、香精、香料、化妆品的优质原料。柠檬苷、柠檬醛是生化药品的重要原料。

柠檬　　　　　　　　　　　　　　　　　　百香果

(十八)百香果

百香果原产于巴西,俗称"巴西果"。其果瓤多汁液,营养丰富,气味特别芳香,可散发出香蕉、菠萝、柠檬、石榴等众多水果的香味,所以称为百香果,号称"果汁之王"。百香果含有人体所需多种氨基酸、多种维生素和类胡萝卜素,还含有丰富的钙、磷、铁等元素,营养价值极高,可以提高免疫力、帮助肠胃排毒。

烹饪运用:百香果可以生食,做沙拉、蘸酱料等。

二、干果类

(一)腰果

腰果是漆树科腰果属的一种植物的果实。腰果是一种肾形核果,原产于美洲,在中国,腰果主要分布于海南、云南、广西等地。可食用部位是生在假果顶端的肾形部位,果壳坚硬,里面包着种仁,富含脂肪,有较高的热量;其次含有蛋白质和糖类,有补充体力、消除疲劳的功效。腰果适应性强,喜热不耐寒,耐干旱贫瘠,主要进行无性繁殖。

腰果

1. 烹饪运用　腰果常直接炸制,作为零食干果或者下酒菜,也可进一步烹饪加工,如腰果鸡丁、挂霜腰果、腰果虾仁等,也可用来煲汤,如猪脚腰果汤、腰果炖鸡等菜肴。

腰果鸡丁是一道美味可口的传统名菜,属于浙菜系。做法:把鸡胸肉切丁、黄瓜切丁、胡萝卜切丁。鸡丁用干淀粉、黑胡椒粉和料酒腌制上浆。锅里放适量油烧热,放入葱、姜、蒜。倒入鸡丁翻炒,炒至鸡丁变色。放入黄瓜丁和胡萝卜丁,翻炒均匀,放入适量盐和生抽。放入适量腰果,翻炒均匀即可装盘。

2. 品质鉴别

(1)看颜色:质量好的腰果外有一层果皮保护,果皮呈棕色或者褐色,里面的果肉呈白色。而发霉的腰果颜色一般比较深,表面会有斑点,有时候果肉还会发黑,这样的腰果品质较差。

(2)闻气味:好的腰果一般会有一股腰果特有的清香味,但是并不会太香,否则是添加了添加剂。如果闻到一股明显的霉味,说明腰果已经腐败变质了。

(3)用手摸:挑选腰果的时候,要观察是否有霉变的情况,可以选择用手摸。一般霉变的腰果会比较黏手,因为受潮,表面滋生了细菌以及微生物,而好的腰果是干燥的,其表面也没有霉斑。

(4)看外观:购买腰果前,应该仔细看外观,正常的腰果呈完整的月牙形。腰果如果具有洞或者斑点,说明已经坏了。好的腰果不能太碎小。

3. 储存方式

(1)冰箱冷藏保存:腰果在常温下很容易腐烂,降低保存温度可以降低油脂氧化速度。放置在冰箱中一般可以保存6个月,冷冻起来可以保存1年。

(2)干燥阴凉通风处保存:把腰果密封包装起来以隔绝空气中的氧气,放在干燥阴凉通风处。这样可以大大降低腰果腐败的速度,保持较高的品质。

(3)放维生素片保存:向腰果罐中放一些维生素E片、维生素C片等抗氧化物质,能减少腰果中油脂的氧化变质,延长腰果保质期和提高腰果品质。

(二)花生

花生别名落花生,为豆科落花生属的一年生草本植物的果实。中国是主要的花生生产国家,全国各地都有种植,主要的生产地区为山东半岛、辽宁东部、广东雷州半岛、黄淮地区以及东南沿海的沙土区。花生具有很高的营养价值,其中脂肪和蛋白质含量丰富,适量食用能防止口唇干裂、烦躁,还能增进食欲,促进消化吸收。花生

花生

中的有机酸等多种化学成分具有降低胆固醇、增加冠状动脉血流量的作用，适量食用花生能预防动脉粥样硬化、降血压及防止冠心病。

1. 品种

(1)普通型花生：即所谓的大花生，果仁多呈椭圆形或长椭圆形。籽粒硕大饱满，皮色粉红或红，可一年一作，是我国主要栽培的花生品种。

(2)珍珠型花生：果仁多呈圆形或桃形，籽粒硕大饱满，皮色多为白色，出仁率高，可适应南方春、秋两熟区种植。

(3)多粒型花生：果仁多呈圆柱形或三角形，皮色深红、光滑、有光泽，含油量达52%。多粒型花生耐旱性较弱，早熟性突出。

(4)龙生型花生：果仁多呈三角形或圆锥形，皮呈红色或暗红色，表面凹凸不平，无光泽，有褐色斑点。龙生型花生是我国最早种植的花生。

2. 烹饪运用 花生可以做花生酱、炒花生、花生汁等美食。花生有很高的营养价值，富含脂肪以及蛋白质，对于人体补充营养、促进机体消化和吸收有很好的作用。花生有炒、炸、煎、煮、卤、炝、制作面点馅心等多种烹饪用途。

宫保鸡丁：鸡胸肉切丁、黄瓜切丁、胡萝卜切丁，鸡丁放入碗里，分别加入料酒、生抽、蛋清、淀粉，抓匀，腌10 min左右。调酱汁：三勺生抽、四勺陈醋、三勺白糖、两勺淀粉，搅拌均匀，调出荔枝味。起锅烧油，下入干辣椒、花椒、蒜、葱、鸡丁后，把鸡丁划散，然后继续爆香几分钟，下入黄瓜丁、胡萝卜丁，均匀翻炒2 min左右，下入花生米，加入一勺盐、一勺鸡精调味，倒入料汁，迅速翻炒均匀，起锅装盘。

3. 品质鉴别

(1)闻花生的气味：花生有其特有的气味，一般不好的花生会有一股淡淡的异味或者味道没有那么好，甚至有一股霉味。

(2)尝花生的味道：如果花生有一种醇正的香味，且嚼起来清脆，说明花生是比较好的；如果是比较差的花生，则会有一种油脂的酸败味或者苦涩味。

(3)看花生的形状：如果花生完整、大小均匀，说明这种是好的花生；但如果出现有的大有的小，而且上面有霉斑，或者有一些小虫子吃过的小洞，这样的花生就是不好的。

(4)看花生的颜色：不同品种花生有不同的颜色，但都有一个特点，那就是着色是均匀一致的。如果花生质量比较差，它就会呈紫红色或者棕褐色。

(三)栗子

栗子是壳斗科栗属植物的果实，主要分布在青海、宁夏、新疆、海南等地区，喜欢生长在阳光充足、气候湿润的地区，比较耐寒耐旱，对土壤要求高，喜欢砂质土壤。栗子又称板栗，有“干果之王”的美称，在国外被誉为“人参果”。栗子中不仅含有大量淀粉，而且含有丰富的蛋白质、脂肪、B族维生素等多种营养成分，热量也很高，古时

栗子

还用来代替饭食,也可作为药物治病。栗子所含的不饱和脂肪酸和多种维生素具有抗高血压、冠心病、动脉硬化等疾病的功效。栗子既养人,又好吃,但每一次不可进食过多。生食过多,难以消化;熟食过多,阻滞肠胃。

1. 烹饪运用 栗子的烹饪方法很多,可制作甜菜,也可作为菜肴的辅料。

糖炒栗子:用巨大的搅拌机和黑色的炒栗石不停地炒,然后往里倒糖浆。

板栗烧鸡:准备好新鲜的鸡肉,斩小、洗净待用,去壳的栗子用开水泡5~8 min,把栗子里面那层膜去掉,鸡肉入锅焯水、沥干,锅内入油,下姜片、八角、蒜、葱、朝天椒炒香至微黄色,加鸡肉翻炒,炒至鸡肉微干,加豆瓣酱、尖椒,翻炒1~2 min直至鸡肉上色,加水淹至鸡肉的1/9,加栗子、生抽。盖上锅盖,炖至鸡肉、栗子熟透,加入胡椒粉、芝麻香油,用淀粉勾芡。

2. 品质鉴别

(1)看颜色:表面呈深褐色且稍微带点红色者一般为好栗子,若外壳变色、无光泽或带黑影,则表明果实已被虫蛀或受热变质。

(2)看绒毛:栗子的尾部有很多绒毛,陈年栗子上的毛一般比较少,只在尾尖有一点点,而新鲜栗子尾部的绒毛一般比较多。

(3)看虫眼:如果表面没有虫眼,可以用手用力摩擦栗子的表皮。

(4)看形状:常见的栗子大致分为两种形状。一种一面圆圆的,另一面较平;另一种两面都平平的。在选择的时候要甜的就选第一种,要不甜的就选第二种。

(5)用手捏:如果栗壳非常坚硬,表示果实比较丰满。如果栗壳较软,则表明果肉已干瘪或闷热后肉已酥软。或者把栗子放在耳边摇一摇,如果听不到声音,说明果实是新鲜的;如果能听到声音,说明果实是干硬的,放置时间比较久。

(6)放到鼻子旁闻:如果是当季鲜栗子,则会有一股浓浓的生栗子味道,而且不刺鼻。如果经过药水浸泡,则有一股淡淡的农药味,并不刺鼻。或者咬开一个栗子看看内部颜色,是否是自然的黄色,如果接近外壳处颜色不一样,则说明被药水浸泡过,而且药水已经渗入果实内部。

 课后练习

简答题

1.果品类原料的结构分类有哪些?举例说明。

2.举例说明海南本地的鲜果。

在线答题

项目 4
禽类原料

【学习目标】

1. 学习并掌握禽类原料的基础知识。

2. 学习并掌握禽类原料的分类及烹饪运用。

3. 学习并掌握禽类原料的品质鉴别与储存。

4. 学习并掌握禽类副产品和禽蛋及其制品的分类与储存。

【项目导入】

从清道光二十年(1840 年)至 1950 年的 100 多年中,海南的养禽业一直未形成产业,只是农民家庭副业的组成部分,属自给性的生产,产品产量很低,商品率也很低。直到 20 世纪 60 年代中期,由于市场的需求和养殖技术的进步,海南才开始从国内外引进良种家禽,在国有农牧场进行规模养殖,因技术水平低,取得成功的并不多。20 世纪 80 年代之后,在生产体制改革和市场经济推动下,以农民为主体的家禽规模养殖专业户快速发展起来,尤其在琼海、文昌和海口等市县,发展更为迅速。至 20 世纪 90 年代,海南涌现出一批家禽养殖企业,产品产量大幅度增高,海南家禽的饲养量超过一亿只,禽肉的产量占肉类总产量的 30% 左右,成为养殖业中发展速度最快的产业,并成为海南畜牧业中的第二大产业。

扫码看课件

禽类原料的基础知识

一、家禽的概念

家禽是指人类为满足对肉、蛋等的需求,在长期人工饲养条件下逐渐驯化而成的,能生存繁衍且有一定经济价值的鸟类,如鸡、鸭、鹅、鹌鹑、家鸽、火鸡等。家禽可按用途和产地进行分类,常用的分类方法是按用途分类,将家禽分为肉用型、蛋用型和肉蛋兼用型。

二、家禽的分类

1. 肉用型 肉用型指以产肉为主的家禽。肉用型家禽体形较大,肌肉发达,躯体宽而短,外形丰满,行动迟缓,性成熟晚,性情温驯。如嘉积鸭、黄流老鸭、文昌鸡等。

2. 蛋用型 蛋用型指以产蛋为主的家禽。蛋用型家禽体形较小,活泼好动,性成熟早。如仙屯鸭等。

3. 肉蛋兼用型 肉蛋兼用型家禽体形介于肉用型与蛋用型之间,同时具有二者的优点。如白莲鹅等。

三、禽类原料的烹饪运用

(1)制作各类名肴,几乎适用所有的烹饪方法。

(2)可作为菜品的主料、辅料、馅料。

(3)广泛应用于冷热菜、面点和小吃的制作。

(4)制作吊汤的重要原料。

海南常见禽类原料种类

家禽一般为雉科和鸭科动物,如鸡、鸭、鹅等,也有其他科的鸟类,如火鸡、鸽、鹌鹑和各种鸣禽。家禽除为人类提供肉、蛋外,它们的羽毛和粪便也有重要的经济价值。

一、鸡的品种及特点

根据鸡的用途,可将其分为肉用鸡、蛋用鸡、肉蛋兼用鸡和药食兼用鸡四大类;根据鸡的饲养方法不同,可将其分为圈养鸡和散养鸡两大类;根据鸡的育龄不同,还可将其分为雏鸡(7～8个月)、仔鸡(1年以内)、成年鸡和老鸡。

肉用鸡以产肉为主,其躯体坚实,胸肌、腿肌发达,肌肉丰满,肉质细嫩,皮肤光滑,脂肪含量低,胸骨柔软。成年鸡体重突出,产肉率高。置沸水中 5～6 min 即可煮熟,适合烤、炸后食用。著名品种有惠阳三黄鸡、北京油鸡、江苏狼山鸡。

蛋用鸡以产蛋为主,体形中等,体躯较轻瘦,脚上一般无毛,活泼好动,觅食能力强,生长发育迅速,性成熟早,年产蛋量高达 200～250 枚。一般不喜就巢。产肉率低,肉的品质也较差,如白来航鸡。

肉蛋兼用鸡产蛋、产肉性能均优,但没有蛋用鸡或肉用鸡突出,且所产肉的营养价值不如肉用鸡。著名品种有江苏鹿苑鸡。

药食兼用鸡是药食兼用原料,具有很高的食用性,同时具有良好的药用性能。其代表品种有乌鸡(乌骨鸡)、竹丝鸡、丝毛鸡等。

圈养鸡肉质细嫩,但鲜香味不足;散养鸡肉质粗韧,但鲜香味浓。

1.海南鸡品种 常用鸡的品种很多,其中经济价值较高的品种也很多,现简要介绍几个海南鸡品种。

(1)文昌鸡:因产自文昌,故名文昌鸡,是海南地方优良肉用鸡品种,是具有 400 多年历史的传统名牌产品。其体形方圆,脚胫细短,皮薄骨酥,肉质香甜嫩滑,营养丰富,具有色、香、味、形、营养俱佳,百吃不厌等特色。以文昌鸡为原料加工的白切文昌鸡是海南最负盛名的特色传统名菜,居海南"四大名菜"之首。在海南有"无鸡不成宴"的说法,白切文昌鸡是每一位到海南旅游的人必尝的美味。

文昌鸡

（2）儋州鸡：最早在儋州北岸地区饲养，放养于山林、灌木丛中，任其在红土地和黑石头堆里刨食，采食野果或追逐昆虫等。与其他品种鸡相比，儋州鸡的特征非常明显，体躯短小，结构紧凑，大部分鸡嘴上有胡须，并且脚上长毛。儋州鸡具有野性强、适应性广、耐粗饲、抗病力强、合群性好等特点。成年母鸡毛重 1.1～1.3 kg，成年阉鸡毛重 1.5～1.7 kg。

儋州鸡　　　　　　　　　　　　　　　海南山鸡

（3）海南山鸡：又称海南野鸡，体形较小，耳白，雄鸡毛重 0.5～1 kg，羽毛艳丽；雌鸡毛重 750 g 左右，羽毛单纯，多呈浅灰色。海南山鸡肉质细嫩鲜美，野味浓，其蛋白质含量高。其中雄性体羽呈红色，耳叶呈白色，胫呈蓝灰色，体形较小、狭窄，两翅紧贴躯体，尾羽上翘，且中央两根较长并下垂成镰刀状；雌性大部分羽毛呈黑褐色，上背呈黄色，具黑纹。海南山鸡尾羽和翅羽颜色较深，呈淡黑色，尾羽发达，直立上翘，平时形如半开的书本，营养价值高，脂肪含量低。

（4）海株阉鸡：产于海南屯昌坡心镇，又称坡心海株黄鸡。外部毛为金黄色，脚小，喙小，脖子短，尾巴长；皮薄色黄，脂肪呈金黄色；肉细嫩、色白、纤维少，味美芳香，营养价值高，是宴席上的佳品。它是用本地优质品种公鸡经阉割后，全程放养在荒山野岭上，并喂予由本地生产的玉米、稻谷、花生饼、番薯、米糠等农副产品组成的农家饲料，不用任何添加剂和有害药物培育而成的品种，为无公害产品。生长周期在 8 个月以上，具有皮黄肉嫩、骨酥皮脆、味美芳香等特征。

海株阉鸡　　　　　　　　　　　　　　五指山蚂蚁鸡

（5）五指山蚂蚁鸡：五指山蚂蚁鸡是当地黎族、苗族等少数民族长期在野外放养的一种小型鸡，因体态娇小而被当地人称为蚂蚁鸡。五指山蚂蚁鸡多以蚂蚁、野虫、野菜等为食物，鸡肉多为瘦肉，骨硬肉软而且肉感类似鸟类，具有一种香而甜的口感。

2.烹饪运用　鸡肉是一种非常常见的肉类食材，它细嫩、口感鲜美、营养丰富，被广泛应用于各种菜肴中。其可作为菜品的主料、辅料、馅料等，也广泛应用于冷热菜、面点和小吃。鸡肉滋味鲜美，行业中有"鸡鲜鸭香"之说，所以鸡肉又是吊汤的重要原料。雏鸡宜炒、爆、炸，仔公鸡宜炒、烧、熘、炸，仔母鸡宜蒸、拌、烧、卤，成年公鸡宜炒、烧、熘、炸、拌、卤、腌，成年母鸡宜蒸、熘、烧、炖、焖，老公鸡宜烧、焖、煨，老母鸡宜烧、炖汤等。文昌鸡最好的做法就是白切，这种做法最能体现文昌鸡鲜美嫩滑的原汁原味。白切文昌鸡色泽偏黄白，皮很薄且基本没有皮下脂肪，整盘鸡看着相

Note

当诱人。文昌盐焗鸡中的鸡肉是用大粒盐焗出来的,鸡肉香味保持得很好,再加上盐的香味,就有独特的味道;焗出来的盐焗鸡鲜嫩清烂,入口即化,特别适合中老年人和儿童食用。

3.注意事项　鸡在初加工时,宰杀放血要干净,应根据不同菜品的成菜要求对鸡进行宰杀或分档取料。去掉鸡身上的一些附件,是煲制美味鸡汤的关键。影响汤的成色和味道的附件如下:鸡的红色内脏,如肝、胗、肺、心等(可以留作其他菜肴用),但煲鸡汤时一定要除去;鸡爪上的趾甲,趾甲里存有大量细菌,若不剪掉,则不利于卫生;鸡的鼻子,它是鸡嘴的上半部分和眼睛之间的一段,不去除的话,鸡汤会有一股异味;鸡的屁股,这个部分可以多切除一些,煲汤时尤其要注意不要留用。

4.品质鉴别及储存方法　首先根据菜品的要求选择不同年龄、性别及饲养方式的鸡;其次鉴别鸡本身是否健康,健康的鸡体格健壮,活泼好动,眼睛明亮,叫声洪亮,鸡冠为鲜红色,羽毛紧密而有光泽,尾部高耸,精力旺盛,有觅食能力,病鸡则相反。鸡肉的储存方式会影响其质量和新鲜度。在购买鸡肉后,我们需要注意以下储存要点:①温度:鸡肉应该存放在低温环境中,如冰箱中,避免存放在常温环境中。②包装:鸡肉应该密封包装,避免与空气接触,避免细菌滋生。③时间:鸡肉应该尽快食用,避免存放过久。

二、鸭的品种及特点

我国良种家鸭大约有 200 种,根据用途可分为肉用鸭、蛋用鸭和肉蛋兼用鸭三类。根据鸭的饲养方法不同,也可将其分为圈养鸭和散养鸭两大类;根据鸭的育龄,还可将其分为仔鸭和老鸭。

肉用鸭以产肉为主,个体较大,体躯宽厚,肌肉丰满,肉质鲜美,性情温驯,行动迟缓;早期生长快,容易育肥。具有代表性的品种有北京填鸭、樱桃谷鸭、法国番鸭、奥白星鸭等。海南的肉用鸭品种主要是嘉积鸭。肉用鸭的特点是肉厚、质良好,富含脂肪,味美,鸭肉风味突出。

蛋用鸭以产蛋为主,个体较小,体躯细长,羽毛紧密,行动灵活,性成熟早,产蛋量大,但蛋形小,肉质稍差。年产蛋量为 240～280 枚,蛋重 60～80 g,蛋壳呈灰白色或青色。比较有代表性的品种有金定鸭、绍兴鸭、高邮鸭等。

肉蛋兼用鸭产肉、产蛋性能俱佳,肉质鲜美,蛋形大,但年产蛋量少于蛋用鸭,海南肉蛋兼用鸭品种很多。同时,鸭也有一定的药用价值。

1.海南鸭品种　常用鸭的品种很多,现简要介绍几个海南鸭品种。

(1)嘉积鸭:该品种也称番鸭、瘤头鸭,盛产于海南琼海嘉积镇。嘉积鸭为海南四大名菜之一。嘉积鸭体形扁平,冠红蹼黄,羽毛黑白相间。由于嘉积镇饲养鸭的方法与其他地方不同,故嘉积鸭脯大、皮薄、骨软、肉嫩、脂肪少,食之肥而不腻,营养价值高。嘉积鸭体重最大的达 5.5～6 kg,比一般的白鹅还重。母鸭比公鸭小一轮,最重的也只有公鸭的一半。

嘉积鸭

(2)儋州跑海鸭:生长在儋州沿海地区,平日在滩涂及咸淡水交汇处的河流入海口活动。每逢潮水退去,沿海滩涂上就会留下大量小鱼、小虾、小蟹、小螺等高蛋白质海洋生物,它们都是"赶海”鸭群的美餐。常年吃海洋生物的儋州跑海鸭运动量大，因而鸭体肥，产蛋多。

儋州跑海鸭

咸水鸭

（3）咸水鸭：放养在海滩、红树林里的麻鸭。个头小、肉精瘦，没有一般鸡、鸭、鹅身上那股浓浓的膻味。咸水鸭一直很符合海南人的口味，咸水鸭养殖也是当地的重要产业。

（4）红鸭：屯昌的特色品种之一，鸭毛大多呈深灰色。养殖户们为保持红鸭的野生特性，提升鸭肉的口感，一般以散养为主。红鸭生长在河流、槟榔园等地，那里生长着红鸭爱吃的小虫、小草等，这些天然的“饲料”补充了红鸭生长所需的蛋白质和微量元素。

红鸭

甲子绿头鸭

（5）甲子绿头鸭：海口甲子镇的特色农产品之一。雄鸭头颈为绿色，具有金属光泽；嘴、脚均为黄色；颈部有一圈白色环，具有特殊的野香味，多生长于甲子镇东南地区。甲子绿头鸭是极具地方特色的产品，肉质紧实、入口即化，色鲜红，无腥膻味，蛋白质含量高，脂肪含量低，较普通品种鸭拥有更佳的鲜美口感，是众多鸭品种中的高档产品。

2. 烹饪运用 鸭一般用烤、蒸等烹饪方法制作，且整只制作较多，香味突出，在烹饪中应用广泛，是中餐常用的烹饪原料之一。各大菜系都有用鸭制作的各类名肴，鸭几乎适用所有的烹饪方法，可作菜品的主料、辅料、馅料，可吊汤等。仔鸭宜蒸、炸、烧、烤、炒、爆、卤；老鸭宜烧、炖、蒸、煨、制汤等。鸭的内脏如肝、胗、心、舌、血等，皆可作为主料制作菜肴。鸭肉鲜嫩味美，营养价值高，一般以突出其肥嫩、鲜香的特点为主。代表菜式有虫草鸭子、海带炖老鸭、豆渣鸭脯、北京烤鸭、干菜肥鸭、葫芦鸭等。此外，鸭还参与高级汤料的调制，如熬制奶汤，其提鲜增香的作用十分突出。

3. 品质鉴别及储存方法 首先根据菜品的要求选择不同年龄、性别及饲养方式的鸭；其次鉴别鸭本身是否健康，健康的鸭体格健壮，活泼好动，眼睛明亮，羽毛紧密而有光泽，尾部高耸，精力旺盛，有觅食能力，病鸭则相反。

（1）观色：在购买鸭肉的时候观察其色泽是重要的分辨手段。若鸭体表光滑，呈乳白色，切开后切面呈玫瑰红色,则表明是优质鸭;如果鸭皮表面渗出少量油脂,可以看到浅红色或浅黄色,同时肉的切面呈暗红色,则表明鸭的质量较差。变质鸭可以在体表看到许多油脂,色深红或深黄,肉切面呈灰白色、浅绿色或浅红色。一般来说,通过色泽就能分辨出鸭肉新鲜与否,所以在购买时一定要认真仔细观察。

(2)闻味:一般来说,通过闻鸭肉的味道就能闻出来它是不是新鲜的,好的鸭肉香味四溢;一般质量的鸭肉可以从其腹腔内闻到腥霉味;若闻到较浓的异味,则说明鸭肉已变质。

(3)辨形:观察鸭的外形,也是分辨其质量优劣的方法之一。新鲜质优的鸭,形体一般为扁圆形,腿的肌肉摸上去结实,有凸起的胸肉,在腹腔内壁上可清楚地看到盐霜;若鸭肉摸上去松软,腹腔潮湿或有霉点,则鸭肉质量不佳。变质鸭肌肉摸起来软而发黏,腹腔有大量霉斑。

一般采用低温储存是比较合理的,家庭中可把鸭肉放入保鲜袋内,入冰箱冷冻室内冷冻保存,一般情况下,保存温度越低,其保存时间就越长。

三、鹅的品种及特点

鹅的种类很多,按体形分为大、中、小三种,按外形特征分为白鹅、灰鹅、狮头鹅、伊犁鹅,按用途分为肉用鹅、蛋用鹅、肉蛋兼用鹅。

肉用鹅以产肉为主,头较大,头上有肉瘤,体宽且长,尾短、向上,发育速度快,肉质鲜美。主要品种是中国鹅(狮头鹅)。狮头鹅是我国体形最大的鹅,成年公鹅体重为 10~17 kg,成年母鹅体重为 9~13 kg。

蛋用鹅以产蛋为主,体前端有圆而光滑的肉瘤,背扁平,体躯似长方形,两腿粗短。一般每年产蛋量为 120 枚左右,蛋重 160~280 g,蛋壳为白色。

肉蛋兼用鹅的主要品种是白莲鹅。白莲鹅原产于澄迈,全身雪白,体质强健结实,胸部发达,腿较高,尾向上。成年公鹅体重为 34~45 kg,成年母鹅体重为 33~43 kg,年产蛋量为 60~70 枚,蛋重 160~220 g。

1. 海南鹅品种 鹅的种类很多,除了上文提及的品种外,还有清远鹅、奉化鹅、香山白鹅、永康灰鹅等。下面主要介绍几个海南鹅品种。

(1)澄迈白莲鹅:海南澄迈白莲镇特产,羽毛为白色,部分个体头颈部和背部有灰黑色斑点;羽毛贴身且富有光泽,体形中等。公鹅体质结实,结构匀称,前宽后窄;母鹅体质紧凑,体形稍小,前窄后宽。公鹅头大,颈长,肉瘤明显且较高;母鹅头略小,颈稍短,肉瘤不明显。白莲鹅肉味鲜美,口感细腻。白莲鹅血还含丰富的蛋白质及铁、钙、锌、铜等 10 余种对人体有益的矿物质,多食可提高人体免疫力,防止疾病。

(2)琼海温泉鹅:万泉河沿岸农户饲养的本地杂交鹅,从小放养在万泉河边的沙滩上,靠食用生长在河边的鹅仔草、野草,以及农户家中的碎米和萝卜苗长大,待到羽毛交叉时,农户才会用家中的米饭、花生饼、番薯和米糠精心地混合填喂,10 多天后就长成了正宗的琼海温泉鹅。琼海温泉鹅做法以白切为主,也有烤的。白切温泉鹅具有营养丰富、肥而不腻、醇香可口的特点。鹅肉肉质很细,完全没有鸡肉的粗糙感,很香很鲜,可以蘸着秘制的调料吃。琼海温泉鹅一般人都可食用,尤其适合身体虚弱、气血不足、营养不良之人食用。

澄迈白莲鹅

琼海温泉鹅

（3）定安四季鹅：定安县本土家禽品种，以一年四季都能产蛋、自孵而得名。定安四季鹅体形中等，颈细长，胸深，腹垂。定安四季鹅头顶有黄色或黄褐色肉瘤，喙呈黄色或橘黄色。全身羽毛为白色，其中部分个体头顶和尾根部有灰黑色斑。皮肤呈淡黄色，胫、蹼呈黄色或橘黄色。公鹅肉瘤较发达，母鹅腹褶明显，雏鹅全身绒毛呈黄色。定安四季鹅适应性好、抗病力强、增重快、觅食力强、消化率高、年产蛋量高、肉质好，深受百姓欢迎，是定安农家的主要家禽品种。

定安四季鹅

万宁东澳鹅

（4）万宁东澳鹅：养于东澳镇裕后村，长期啃食茅草，故其肉质鲜嫩度高，加上生长在咸、淡水混交的内海和河汊，盐分增强了东澳鹅的免疫力。其含有丰富的蛋白质及铁、钙、铜等矿物质。万宁东澳鹅肉无杂质，不粗糙，不肥腻，滑嫩，醇香，可口。

（5）五指山毛阳鹅：五指山清甜的山泉水、无污染的青草和稻谷、独特的热带雨林气候，造就了五指山毛阳鹅与众不同的品质。其皮下脂肪比其他品种鹅少得多，肉质细嫩，皮薄鲜美，无污染，非常符合五指山生态游的主题，很受游客欢迎。

五指山毛阳鹅

南叉鹅

（6）南叉鹅：白沙牙叉营盘一带的特产，体态优美，就像美丽的天鹅，个大体肥，营养丰富，深受市场欢迎，经济价值比较高。白沙醉鹅又称白切南叉鹅，是海南白沙的一道特色美食，取材于当地特产的南叉鹅，配以秘制的中药材蒸制而成。其肉质鲜嫩松软，清香不腻，味道鲜美爽滑，可强身健体，是白沙之旅不可错过的美味。

Note

2. 烹饪运用　鹅肉是一种比较少见的禽类原料,它的肉质比较韧,口感稍微有些油腻,但是它的营养价值非常高,含有丰富的蛋白质、维生素和矿物质等营养成分。在烹饪运用方面,鹅肉可用烤、炸、煮、炖等多种方式进行烹饪,而且可以与各种蔬菜、调味品搭配,制作出各种美味的菜肴。例如,鹅肉火锅、鹅肉炒饭、鹅肉炖粉条等。

3. 品质鉴别及储存方法　首先根据菜品的要求选择不同年龄、性别及饲养方式的鹅,其次鉴别鹅本身是否健康,健康的鹅体格健壮,活泼好动,眼睛明亮,羽毛紧密而有光泽,尾部高耸,精力旺盛,有觅食能力,病鹅则相反。选购鹅肉最好选活的大鹅当场宰杀,一般健康鲜活的大鹅羽毛干净有光泽,活泼凶悍,眼睛有神。宰杀后放干净血,血色暗红,拔毛修整后,微有腥味,但没有臭味。肉洁白,肉质有弹性,没有硬节等。劣质的鹅肉,可能为病鹅或瘟鹅的肉,为死后宰杀,放血不彻底;从肉色来看,颜色比正常的鹅肉深,摸起来肉质差,手感发硬。

鹅肉要尽快食用,若需要储存,可先洗净、拭干水分,再用保鲜袋密封冷冻,可储存10天左右。可以把所有的咸鹅都剁成块状,再炒好,装好,放入冰箱保鲜储存,等到要吃的时候再拿出来即可;也可以把咸鹅直接挂起来,晒干,这样更容易保存。

四、鸽子的品种及特点

鸽子是鸽形目鸠鸽科鸟类,有42个属,309个种。鸽子有野鸽和家鸽,家鸽又分信鸽和普通鸽。家鸽经过长期培育和筛选,形成了食用鸽、玩赏鸽、竞翔鸽、军用鸽和实验鸽等多种。其头顶广平,头形较小,身躯硕大而宽深,从喙到尾端长53～56 cm,胸围38～40 cm,喙长而稍弯;成年鸽眼环为红色或肉红色,青年鸽眼环为粉红色;腿短且有鳞片;眼睛周围被裸露的皮肤包围;体羽多数呈灰色和褐色,有些羽色更鲜艳。食用鸽体形大,肉质美,营养价值高,饲养方便,繁殖快,是供人佐餐的滋补食物。玩赏鸽以奇丽的羽装、羽色和各种表演技巧见长,是供人娱乐的宠物。家鸽体形大小悬殊,最小的玩赏鸽体重约300 g,最大的食用鸽体重约1500 g;羽色多种多样,主要有红色、黄色、蓝色、白色、黑色,有些有雨点和花纹等。有善飞的快速鸽,也有飞不起来的地鸽。

1. 海南鸽品种　鸽子的种类很多,下面主要介绍海南鸽的品种。

椰子鸽:将海南特有的椰子肉配制在饲料中,同时用发酵过的益生菌水饲喂,这样喂养出来的鸽子,肉质更加细腻,就连骨头都可以直接食用。鸽肉含有丰富的软骨素和氨基酸,可增高皮肤弹性,改善血液循环。中医认为,鸽肉有补肝壮肾、益气补血、清热解毒、生津止渴等养生食疗功效。例如,海南名菜海南原盅椰子炖鸽子,首选乳鸽(孵出不久的小鸽子,既未换毛也不会飞翔),其肉厚而嫩,滋养作用较强。鸽肉滋味鲜美,肉质细嫩,富含粗蛋白质和少量矿物质等营养成分。

椰子鸽

2. 烹饪运用　鸽子在烹饪中应用广泛,适合使用炒、烧、烤、炸、卤等多种烹饪方法。鸽肉为高蛋白质、低脂肪食品,味咸,性平。鸽肝中含有最佳的胆素,古话说"一鸽胜九鸡",鸽子营养价值较高,既是名贵的美味佳肴,又是高级滋补佳品。鸽肉含有丰富的泛酸,对脱发、白发和未老先衰等有很好的疗效。鸽肉非常适合老年人、体虚病弱者、手术患者、孕妇及儿童食用。

Note

3. 品质鉴别 头要壮,两眼的距离尽可能宽;眼部要富有色彩,神采奕奕;喉咙必须呈粉红色,喉头呈椭圆形。如果一只鸽子给人的感觉是硬而重,那么这只鸽子是失去平衡的,不能要。骨骼结构要壮,不可太轻也不可太重,龙骨由前至后逐渐变细,与尾骨紧紧相接。背部要有力,它的背要感觉是圆的。肌肉要柔软,肌肉与体形及体重有关系;肌肉要富有弹性,丰满而体重轻盈,整体要有适当比例;柔软的肌肉显现耐力,肌肉各部发达的鸽子活力都很好。羽毛要丰满、柔软、光亮如丝。

4. 注意事项及储存方法 鸽子宰杀时水温不能太高。食用鸽的屠宰时间除根据日龄确定外,还要考虑鸽体生长情况,如乳鸽出生后 22~28 天,两翅膀下针羽已长齐并开花,体格较为肥壮,屠宰率高。一般乳鸽上市屠体重达到 500 g 以上,最大达到 800 g。要求乳鸽经屠宰后去掉毛、血和内脏,屠体重达 350 g 以上,王鸽的乳鸽屠体重达 450 g 左右,石岐鸽和贺姆鸽屠体重应达 410 g 左右,香港杂交王鸽屠体重应达 400~450 g。大型食用鸽如展览型白王鸽、灰王鸽体形稍大,但生产性能较低,一般不适合作乳鸽生产。宰前禁食可以减少饲料浪费。乳鸽屠宰前一般禁食 8~10 h,使鸽体消化道内食物充分消化,以利于排空肠道内容物,但不能停止喂水。

杀好的鸽子,可以用保鲜袋单独包装一只或两只,这样便于取出,然后直接放入冷冻室保存。鸽肉保存时间不宜过长,一般在 2 天内食用最好,在保存前先将鸽肉身上的水分吸干,然后放入冰箱内冷藏即可,还可以把鸽肉烫熟了再保存,用盐和葱、姜腌制后能多放 2 天。

禽类副产品

禽类副产品因其所属部位不同,具有不同的营养特性。鸡胗含有丰富的营养成分,具有消食导滞、除热解烦的食疗功效。鸭血中含有丰富的蛋白质及多种人体不能合成的氨基酸,还含有微量元素铁等和多种维生素,这些都是人体造血过程中不可缺少的物质。鹅肝含脂肪 $40\%\sim60\%$,相当于装饰蛋糕的奶油。在这些脂肪中,不饱和脂肪酸占总脂肪量的 $65\%\sim68\%$,而另外的约 1/3 是饱和脂肪酸。鹅肝味甘、苦,性温,归肝经,可补肝、明目、养血,用于血虚萎黄、目赤、浮肿、脚气等症。

1. 概述 禽类副产品主要包括禽的胗、肝、心、舌、肠、脑、皮、血、爪、蹼等。禽类副产品总的来说含水量较高,质地脆嫩。禽内脏腥味较重,不宜久存。

2. 烹饪运用 禽类副产品是一类重要的烹饪原料,可单独入馔,也可合烹成菜,如泡椒鸡杂、烩鸭四宝等。烹饪中禽类副产品适合用多种烹饪方法,如爆、炒、熘、烩、涮、炸、卤、拌、泡等。

3. 注意事项 新鲜原料不宜长时间存放,稍有变质气味就会很重。

4. 品质鉴别及保鲜方法

(1)家禽经宰杀后在自身酶的作用下会相继发生僵直、成熟、自溶和腐败等现象,其中成熟阶段的肉最鲜美,自溶阶段的肉开始变质,腐败阶段的肉不能食用。

(2)禽肉的保鲜原理和方法与畜肉相同,保鲜方法分为冷却保鲜和冻结保鲜。

禽类制品

禽类制品是用新鲜的家禽为原料，经加工后制成的成品或半成品烹饪原料。禽类制品的种类很多，按来源不同可分为鸡制品、鸭制品、鹅制品及其他制品；按加工处理时是否加热，可分为生制品和熟制品；按加工制作的方法不同，可分为腌腊制品、酱卤制品、烟熏制品、烧烤制品、油炸制品、罐头制品等。

下面介绍几种常见禽类制品。

1. 板鸭　板鸭属禽类腌腊制品。

(1)产地：我国多数地区均产。

(2)产季：冬、春两季，大雪到立春之间生产的板鸭称腊板鸭，质量最佳；立春到清明之间生产的板鸭称春板鸭，质量次之，储存时间也短于腊板鸭。

(3)品种：全国著名的品种有南京板鸭、四川白市驿板鸭、江西南安板鸭、福建建瓯板鸭、湖南乾州板鸭等。

(4)加工程序：其主要加工过程是宰杀、煺毛、去内脏、水浸、擦盐(干腌)、复卤(湿腌)、凉挂等。

(5)特征：板鸭中最著名的是南京板鸭，又称白油板鸭、贡鸭、琵琶鸭。其特点是皮白肉红、脂肪丰富、骨髓色绿、肉质紧密板实。

(6)烹饪运用：板鸭的烹饪方法直接影响其口感和风味。一般先用清水(或洗米水)浸泡 3～4 h，漂洗去盐分后在沸水状态下入锅，改用微火慢煨 50 min，煮制时可加入一定量的姜、葱、八角、桂皮、料酒等，并保证汤进入板鸭腹腔内(鸭头朝下放入汤中)，起锅后冷却，即可改刀，食之香、嫩、酥，回味反甜。

(7)品质鉴别：以体表光白无毛、无黏液出现，肌肉板实、坚挺，肉色为玫瑰红色，脂肪呈乳白色者为佳。

(8)注意事项：选购板鸭时应选择正规厂家生产的板鸭，以防某些违反国家卫生部门规定的物质超标。

(9)保鲜方法：冷藏，真空包装。

2. 风鸡　风鸡是用健康的活鸡经宰杀后取出内脏、腌制、风干加工而成的制品。

(1)产地：产地很多，以河南、湖南、云南为主。

(2)产季：冬季，一般在小雪以后加工。

(3)种类：按产地分为河南固始风鸡、湖南泥风鸡、云南姚安风干鸡等；按加工方法不同，可分为光风鸡、带毛风鸡和泥风鸡三类。

(4)特征:风鸡因种类不同,制作方法也有一定差异。风鸡制作大多不煺毛,以减少微生物入侵机会。其集腌制和干制于一体,风味独特,有利于保存,一般可保存6个月。

(5)烹饪运用:风鸡味鲜香,肉嫩可口,可烹饪加工成冷盘,也可经蒸、炒、炖、煮等工艺制作成热菜。

(6)品质鉴别:以膘肥肉厚,羽毛整洁、有光泽,肉有弹性,无霉变虫伤,无异味者为佳。

(7)注意事项:风鸡的加工应选在农历腊月,此时气候干燥、气温低,微生物不易入侵,同时还可以产生腊香味。

(8)保鲜方法:阴凉、通风、洁净处悬挂或冷藏。

3.烧鸡　烧鸡为酱卤制品。

(1)产地:产地较多,比较有名的是产于河南滑县道口镇的道口烧鸡。

(2)选料:半年或两年生,重1~1.5 kg的嫩雏鸡或肥母鸡。

(3)特征:色泽鲜艳,香味浓郁。

(4)烹饪运用:一般直接食用或制作成冷菜装盘食用。

(5)加工程序:经宰杀、煺毛、去内脏、整形、油炸、煮制等程序加工而成,煮时采用加有香辛料的卤水,焖煮3~5 h。

(6)保鲜方法:捞起、通风、干燥、包装后可保存2~5天,低温真空包装保存时间要长一些。

任务 5

禽蛋及其制品

一、禽蛋概述

禽蛋是指雌禽为了繁衍后代排出体外的卵,包括鸡蛋、鸭蛋、鹅蛋、鸽蛋、鹌鹑蛋等。这些蛋的结构基本相似,化学组成大同小异。

1.禽蛋的结构　禽蛋由蛋壳、蛋白和蛋黄三个部分组成,蛋壳约占蛋重量的 11%,蛋白约占 58%,蛋黄约占 31%。

(1)蛋壳从外向内由外蛋壳膜、石灰质蛋壳、内蛋壳膜和蛋白膜组成。

(2)蛋白又称蛋清,位于蛋壳与蛋黄之间,是一种无色、透明、黏稠的半流动胶体物质。在蛋白的两端分别有一条粗浓的带状物,此带状物称为"系带",起牵拉、固定蛋黄的作用。

(3)蛋黄通常位于蛋的中心,呈球形,其外周由一层结构致密的蛋黄膜包裹,以保护蛋黄液不向蛋白中扩散。新鲜蛋的蛋黄膜具有弹性,随着时间的延长,这种弹性逐渐消失,最后形成散黄。因此,蛋黄膜弹性的变化与蛋的质量有密切关系。

2.禽蛋的营养成分　禽蛋的营养成分主要是水、蛋白质和脂肪,此外还含有多种矿物质、维生素和少量糖类。

3.禽蛋在烹饪中的运用

(1)可作为主料,单独成菜。

(2)可作为配料,起配色、配形的作用。

(3)可作为上浆、挂糊的原料,如蛋清浆、面包糊等。

(4)可作为黏合料,用于制作各式丸菜、糕菜及各类茸、泥、胶。

(5)可作为调味品,如可用蛋黄制成沙拉酱。

二、常见禽蛋及其制品介绍

1.禽蛋

(1)种类:包括鸡蛋、鸭蛋、鹅蛋、鸽蛋等。

(2)结构:由蛋黄、蛋白、蛋壳三个部分组成。

(3)特点:全蛋利用率高,营养丰富,其中蛋白质生物价较高,极具食用价值。鲜禽蛋蛋液中浓蛋白多于稀蛋白,蛋黄呈球形且颜色鲜艳,系带结实,呈螺旋状。蛋壳对全蛋有保护作用。

(4)烹饪运用:禽蛋在烹饪中运用很广泛,可作为菜肴主料、配料及调辅料等使用,适用蒸、炒、煮、煎、炸、烧、卤、酱、糟等多种烹饪方法,是常用的烹饪原料之一。

(5)品质鉴别:可根据蛋重、蛋形、蛋壳状况、蛋白状况、蛋黄状况、气室大小、蛋比重、胚胎状况等进行综合检验。具体方法有哈氏单位法、外观法、照验法、比重法、破视法等。

(6)注意事项:生禽蛋变质后有恶臭味,在操作过程中应避免变质禽蛋对原料的污染。

(7)保鲜方法:冷藏法、浸渍法、气调法、涂膜法。

2.禽蛋制品

(1)皮蛋:又称松花蛋,因胶冻状的蛋白表面有松枝状花纹而得名。皮蛋多以鸭蛋为原料,经生包或浸泡加工而成。

①产地:全国均有加工生产。

②产季:四季皆可。

③特征:剥去蛋壳,可见蛋白凝固完整,光滑清洁不黏壳,棕褐色,绵软而富有弹性,晶莹透亮,呈松针状结晶;纵剖后蛋黄外围呈墨绿色,里面呈淡褐色或淡黄色;溏心皮蛋中心质地较稀薄。

④烹饪运用:皮蛋多用于凉菜,也可经熘、炸、烩、炒制成热菜,同时也是制作风味小吃和药膳的原料。

⑤品质鉴别:优质皮蛋蛋壳完整,无破损,两蛋轻击时有清脆声,并能感觉到内部的振动。以味清香,无辛辣味与臭味者为佳。

⑥注意事项:由于皮蛋多用于凉菜,一般在食用前不用加热,所以应选用质优合格的皮蛋。

⑦保鲜方法:阴凉通风处堆放。

(2)咸蛋:又称腌蛋、盐蛋,用鸭蛋或鸡蛋腌制而成,多用鸭蛋。

①产地:全国均有生产。

②产季:四季皆可。

③特征:咸蛋的加工有泥浆法、泥包法和盐水浸渍法三种。成品在适宜条件下可保存 2～4 个月。打开蛋壳,可见蛋白稀薄透明,浓蛋白层消失,蛋黄浓缩,黏度增高,呈红色或淡红色。咸蛋有香味,蛋黄呈朱砂色,食时有沙感,富有油脂,咸度适当。咸蛋味道鲜美,易消化。

④烹饪运用:咸蛋煮熟即可食用,咸蛋黄在烹饪中运用较广,可用于调味、制作馅心或菜品装饰。

⑤品质鉴别:优质的咸蛋蛋壳完整,轻微摇动时有轻度水荡声。以灯光透视时,蛋白透明,蛋黄缩小。

⑥注意事项:注意腌制时间过长或咸度过大的咸蛋的食用方法,防止变质蛋的混入。

⑦保鲜方法:低温冷藏、高温保藏(指加热成熟后保存)。

(3)糟蛋:以鲜禽蛋裂壳后,埋在酒糟中,加入一定量食盐制成的蛋制品。

①产地:著名的糟蛋有浙江平湖糟蛋和四川叙府糟蛋。

②产季:四季皆可。

③特征:在糟蛋制作过程中,所产生的醇类使蛋白和蛋黄凝固变性,并具有酒的芳香气味;产生的醋酸可使蛋壳软化,蛋壳中的钙盐浸透到薄膜内使糟蛋含钙量增高;所加的食盐使蛋黄中的

脂肪聚积,使蛋黄起油、细腻,蛋白略带咸味。

④烹饪运用:多为冷食,作为凉菜食用,也可作为凉菜怪味的调味品。

⑤品质鉴别:糟蛋以质地细嫩,蛋白呈乳白色或黄红色胶冻状,蛋黄呈橘红色半凝固状,醇香可口,口味绵长者为佳。

⑥注意事项:因糟蛋多为冷食,故不宜进行蒸、煮等加热处理。

⑦保鲜方法:低温冷藏。

三、禽蛋的品质鉴别及储存方法

1. 禽蛋的品质鉴别　蛋重、蛋形、蛋壳状况、蛋白状况、蛋黄状况、气室大小、蛋比重、胚胎状况等均是影响禽蛋品质的因素。烹饪中对禽蛋的品质鉴别常用以下几种方法。

(1)外观法:新鲜蛋的壳附着有石灰质的微粒,好似有一薄层霜状粉末,没有光泽。陈蛋常有光泽,经过孵化的蛋异常光亮。

(2)照验法:将蛋迎光透视,若全蛋透光,蛋黄暗影不见或略沉、空室小、蛋内部无斑块,蛋白浓厚,则为新鲜蛋。

(3)破视法:将蛋壳打开观察,看蛋白、蛋黄、胚胎的状况。浓蛋白多于稀蛋白、蛋黄呈球形且颜色较鲜艳,系带结实呈螺旋状者为新鲜蛋。

2. 禽蛋的储存方法　新鲜蛋储存的基本原则如下:维持蛋黄和蛋白的理化性状,尽量保持原有的新鲜度;控制干耗;阻止微生物侵入蛋内及蛋壳,抑制蛋内微生物(由于禽生殖器官不健康导致在蛋壳形成之前被微生物污染)的生长繁殖。针对这三条原则采取的措施如下:调节储存的温度、湿度,阻塞蛋壳上的气孔,保持蛋内二氧化碳的浓度。具体方法有冷藏法、浸渍法、气调法、涂膜法等。

 **课后练习**

简答题

1.禽类可以分为哪几类?

2.禽类原料储存需要注意哪些问题?

3.禽类制品以及禽蛋制品有哪些?

在线答题

项目5
畜类原料

【学习目标】

1. 学习并掌握畜类原料的基础知识。

2. 学习并掌握畜类原料的分类与烹饪运用。

3. 学习并掌握畜类原料的品质鉴别与储存。

【项目导入】

　　海南地处热带,是我国最大的热带省份。在独特的自然、地理、生态和社会条件下,海南形成了许多适应当地条件和需要的畜禽品种资源或类型,对发展海南经济发挥了重要作用,是我国畜禽遗传资源库中的宝贵财富。如文昌鸡、五指山五脚猪、屯昌猪、临高猪、海南黑山羊、定安黄牛、定安四季鹅、嘉积鸭、东方墩头猪、海南山鸡、澄迈白莲鹅等,其中不少地方品种具有独特的优良性状。同时,海南还批量引进外来优质特色畜禽品种进行选育和改良,形成海南独特的地方优势产品,如海南和牛等,这都是海南宝贵的资源。在省政府大力倡导发展特色畜牧业的背景下,海南优势畜产品生产正朝着规模化、标准化方向发展,市场竞争力日益增强,成为推动海南畜牧业发展的主导产业。

扫码看课件

畜类原料的基础知识

一、畜类原料的概念

畜类原料是可供人们烹饪利用的哺乳动物原料及其制品的统称。畜类原料主要包括猪、牛、羊等动物的肉、副产品及其制品，是人类肉类食物的主要来源，在人们的食谱中占有很重要的地位，是烹饪过程中的一种主要原料。

二、畜类原料的营养成分

畜类原料的营养价值主要体现在脂肪和蛋白质含量上，其中脂肪含量可以达到 20%～50%，蛋白质含量可以达到 20%～30%。脂肪和蛋白质是生物细胞的重要组成部分，是建立和维持身体健康必需的物质，对于维持机体正常的生理功能具有重要的作用。

（一）水分

水分是畜肉中含量最高的化学成分。各种肉类的含水量为 48%～75%。畜肉中的含水量高低因家畜的肥瘦不同而有很大不同，家畜越肥，脂肪含量越高，含水量越低；家畜越瘦，脂肪含量越低，含水量越高。家畜年龄越大，其肉中含水量越低。

（二）脂肪

畜肉脂肪的主要成分是甘油三酯，同时畜肉脂肪还含有少量卵磷脂、胆固醇和游离脂肪酸，可以给人体提供热量和必需脂肪酸。家畜的品种不同，其脂肪含量也不同，如猪肉中的脂肪含量为 20%～35%，牛肉则为 10%～20%。此外，即使是同一类家畜，其脂肪含量也会因年龄、肥瘦程度以及部位不同而存在较大的差异，如肥猪肉脂肪含量高达 90%，而猪前肘的脂肪含量仅为 31.5%。

（三）蛋白质

家畜含有较为丰富的蛋白质，大部分储存在肌肉组织中，其中猪、牛、羊肉中蛋白质含量达 10%～20%，是优质蛋白，营养价值高。与猪肉相比，牛、羊肉蛋白质含量更高。家畜肉中的蛋白质主要是优质蛋白质，含有可溶于水的含氮浸出物，这些物质是肉汤鲜味的主要来源。

（四）糖类

畜肉中的糖类含量比较低，一般为 1％～3％，大多以糖原形式储存在肌肉和肝脏中。当家畜死亡时，肌肉中的糖原会转化成乳酸，从而使组织蛋白酶的活性增强，进而使肉中的蛋白质部分水解，肉逐渐变软，肉味更鲜嫩。

（五）矿物质

畜肉中含有铁、磷、钾、钠、铜、锌、镁等多种矿物质，其中含量最丰富的是磷，含量最少的是钙。一般来说，内脏中的矿物质含量高于瘦肉，而瘦肉中的矿物质含量又高于肥肉。动物的肝、肾中含有较多的铁，而且利用率高，是膳食铁的良好来源。

（六）维生素

畜肉中还含有丰富的维生素 A、维生素 D 和 B 族维生素。猪肉所含维生素 B1 尤为丰富。猪肝中富含维生素 A、维生素 D 和 B 族维生素，每 100 g 猪肝约含维生素 B2 2.11 mg，比肌肉中高 15～20 倍；烟酸含量为 16.2 mg，比肌肉中高 4～5 倍。牛、羊肝中的维生素 B1 含量也比肌肉组织中高 5～6 倍，是维生素的良好来源。

三、畜类原料的组织结构

从烹饪原料角度，我们把家畜的可利用部位归纳为肌肉组织、结缔组织、脂肪组织和骨骼组织。

（一）肌肉组织

肌肉组织是肉类原料的主要可食部位。肌肉组织在家畜体内的比例因不同的家畜和品种而异，一般家畜的肌肉组织占胴体的 50％～60％。构成肌肉组织的基本单位是肌纤维，50～150 根肌纤维集合在一起，由一个结缔组织薄膜包被起来，形成一个小肌束；数十个小肌束集合在一起，再由结缔组织膜包被起来，就组成了大肌束；数十个大肌束集合在一起，再由一个较厚的结缔组织膜包被起来，就形成了完整的肌肉组织。

（二）结缔组织

结缔组织主要分布在肌肉与骨骼的相连处，以及皮下和肌肉组织的内外肌膜中，在家畜体的前部和下部比较多。另外，家畜生长期长、活动量大，其结缔组织也比较多。结缔组织主要由胶原纤维、弹性纤维、网状纤维组成，这些纤维在短时间内不易被水解，但在 80 ℃以上的热水中可慢慢膨润软化，所以在烹饪含结缔组织多的原料时宜用长时间、慢火的方法。

（三）脂肪组织

脂肪组织主要沉积在家畜的皮下、内脏周围及腹腔内，一部分与蛋白质结合存在于肌肉组织

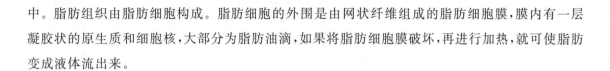

中。脂肪组织由脂肪细胞构成。脂肪细胞的外围是由网状纤维组成的脂肪细胞膜,膜内有一层凝胶状的原生质和细胞核,大部分为脂肪油滴,如果将脂肪细胞膜破坏,再进行加热,就可使脂肪变成液体流出来。

(四)骨骼组织

骨骼组织是家畜的支持组织,也是肌肉组织的依附体。骨骼组织分为硬骨和软骨两种,家畜的骨骼组织以硬骨为主。幼畜的骨骼较软,呈淡红色;成年家畜骨质硬,呈白色。骨骼组织本身并无食用价值,但其含有一定量的钙、磷、镁和10%左右的脂肪、30%左右的生胶原蛋白,所以是煮汤的良好原料。

四、畜类原料的分类及烹饪运用

家畜的外表结构主要分为头部、颈部、躯干、四肢、尾部五个部分。

(一)猪

1. 猪头　猪头包括眼、耳、鼻、舌、颊等部位。猪头肉皮厚、质老、胶质重,宜用凉拌、卤、腌、熏、酱腊等方法烹饪。如酱猪头肉、烧猪头肉。

2. 猪肩颈肉　猪肩颈肉也称上脑、托宗肉,为猪前腿上部,靠近颈部,扇面骨上的一块长扁圆形的嫩肉。此肉瘦中夹肥,微带脆性,肉质细嫩,宜采用烧、卤、炒、熘或酱腊等方法烹饪。叉烧肉多选此部位。

3. 颈肉　颈肉也称槽头肉、血脖,为猪颈部的肉,在前腿的前部与猪头相连处。此处是宰猪时的刀口部位,多有污血,肉色发红,肉质绵老,肥瘦不分。宜做包子、蒸饺、面臊或用于红烧、粉蒸等。

4. 前腿肉　前腿肉也称夹心肉、挡朝肉,在颈肉下方和前肘的上方。此肉半肥半瘦,肉老筋多,吸水性强。宜做馅料和肉丸子,适宜用凉拌、卤、烧、焖、爆等方法烹饪。

5. 前肘　前肘也称前蹄髈。其皮厚、筋多、胶质重、瘦肉多,常带皮烹饪,肥而不腻;宜烧、扒、酱、焖、卤、制汤等。如红烧肘子、菜心扒肘子、红焖肘子。

6. 前足　前足又称前蹄。质量好于后蹄,胶质重。宜用烧、炖、卤、凉拌、酱、制冻等方法烹饪。

7. 里脊肉　里脊肉也称腰柳、腰背,为猪身上最细嫩的肉,水分含量足,肌纤维细小,肥瘦分部明确,上部附有白色油质和碎肉,背部有薄板筋。宜炸、爆、烩、烹、炒、酱、腌。如软炸里脊、生烩里脊丝、清烹里脊等。

8. 正宝肋　正宝肋又称硬肋、硬五花。其肉嫩皮薄,有肥有瘦。适合用熏、卤、烧、爆、焖、腌熏等方法烹饪。如甜烧白、咸烧白等。

9. 五花肉　五花肉又称软五花、软肋、腰牌、肋条等。肉一层肥一层瘦,共有五层,故名五花肉。其肉皮薄,肥瘦相间,肉质较嫩。宜烧、熏、爆、焖,也适合卤、酱腊等。如红烧肉、太白酱肉。

10. 奶脯肉　奶脯肉又称下五花、拖泥、肚囊。其位于猪腹底部,质呈泡状油脂,间有很薄的一层瘦肉,肉质差。一般做腊肉或炼猪油,也可烧、炖或用于做酥肉等。

11. 后腿肉 后腿肉也称后秋,为猪肋骨以后骨肉的总称。后腿肉包括门板肉、秤砣肉、盖板肉、黄瓜条。

(1)门板肉:又称无皮后腿、无皮坐臀肉。其肉质细嫩紧实,色淡红,肥瘦相连,肌纤维长。用途同里脊肉。

(2)秤砣肉:又称鹅蛋肉、弹子肉、免弹肉。其肉质细嫩,筋少,肌纤维短。适合加工成丝、丁、片、条、末、泥等,可用炒、煽、炸收、氽、爆、熘、炸等方法烹饪。如炒肉丝、花椒肉丁等。

(3)盖板肉:连接秤砣肉的一块瘦肉,肌纤维长。其肉质、用途基本同秤砣肉。

(4)黄瓜条:与盖板肉紧密相连的一块瘦肉,肌纤维长。其肉质、用途基本同秤砣肉。

12. 后肘 后肘又称后蹄髈。因结缔组织含量较前肘高,皮老韧,故质量较前肘差。其烹饪方法和用途基本同前肘。

13. 后足 后足又称后蹄。因骨骼粗大、皮老韧、筋多,故质量较前足略差。其特点和烹饪运用基本同前足。

14. 臀尖 臀尖又称尾尖。其肉质细嫩,肥多瘦少,适合用卤、腌、酱、熟炒、凉拌等方法烹饪。如川菜回锅肉、蒜泥白肉多选此部位。

15. 猪尾 猪尾也称皮打皮、节节香。猪尾由皮质和骨节组成,皮多,胶质重,多用烧、卤、酱、凉拌等方法烹饪。如红烧猪尾、卤猪尾等。

(二)牛

1. 肩肉 由互相交叉的两块肉组成,肌纤维较细,口感滑嫩。适合焖、煎,如咖喱牛肉。

2. 上脑 上脑脂肪交杂均匀,有明显花纹。适合涮火锅。

3. 胸肉 在软骨两侧,主要是胸大肌,肌纤维稍粗。煮熟后口感较嫩,肥而不腻。

4. 外脊 牛背部的最长肌,肉为红色,呈大理石斑纹状。因有脂肪,所以煎、烤起来味道更香,口感更好。

5. 眼肉 一端与上脑相连,另一端与外脊相连,肉质细嫩。适合涮、烤、煎。

6. 里脊 牛肉中肉质最细嫩的部位,大部分是脂肪含量低的精肉。一般称为小里脊肉,是运动量最少、口感最嫩的部位,常用来做牛排及铁板烧。

7. 臀肉 在臀部,肌纤维较粗大,脂肪含量低。适合垂直于肉质纤维方向切丝或切片后爆炒。

8. 牛腩 在肚子下,肥瘦相间,肉质稍韧,但肉味浓郁,口感肥厚而醇香。适合清炖或用咖喱炖。

9. 腱子肉 后腿上半部分,分前腱和后腱,熟后有胶质感。适合红烧或卤、酱。

任务 2

畜类原料的分类
与烹饪运用

一、海南常见猪的品种

海南猪原产于海南岛北半部及东、西部沿海地区的屯昌、临高、文昌、定安、海口等市县,目前分布于澄迈、儋州、昌江、东方、乐东、琼山、琼海、万宁、陵水、定安等地。如今,海南猪分为临高猪、屯昌猪、文昌猪和定安猪四个类群。海南猪头小,鼻梁稍弯,额宽,有倒八字形皱纹,耳小而薄、直立并稍向前倾,耳根较宽广,嘴筒短而钝圆。体躯较丰满,背宽微凹,腹大下垂,后躯稍倾斜,臀部肌肉发达,飞节处有皱褶。毛色白多黑少,从头部沿背线直到尾根,有一条黑毛黑皮的宽带,俗称"黑背条";下颌、颈下、胸、腹、体侧及四肢均为白色,黑白之间有一条宽 3～5 cm 由黑皮白毛形成的灰色带,额正中有一倒置的白皮白毛的三角形。乳头多为 7 对。

海南猪是海南长期选育形成的地方猪品种,因肉质鲜美、结实,适应性强,觅食能力高,活动敏捷,早熟、易肥、皮薄等特点备受当地养殖户的喜爱。但因前期生长缓慢以及适合放牧饲养,故而局限性较大。

(一)五指山五脚猪

五脚猪别称香猪、多情猪,据说这种猪是山区人民散养的家猪在山地里寻食时与野猪杂交产生的后代。五脚猪像野猪一样四脚短小,嘴巴尖长,喜欢在野外到处拱土觅食,走起路来嘴巴几乎贴着地,从后面看就像五只脚。其外貌特征为头小而长,嘴尖、嘴筒微弯,耳小而直立,腰背平直,腹部下垂。全身大部分呈黑色,腹部和四肢内侧呈白色,鬃毛呈黑色或棕色,长 2～10 cm,体形小,质量

五指山五脚猪

轻。它皮厚油少,肉质结实,鲜嫩爽口,味道芳香,多吃不腻。独特的地理环境使其具有抗逆性强、瘦肉率高、肉质好等特性。但其存在体形小、增重慢、饲养周期长的缺点,6 月龄母猪日增重仅 69.2 g,8 月龄猪体重约为 14.6 kg。

(二)临高乳猪

临高猪是海南分布较广、数量较多的地方优良猪种之一,具有耐热、耐粗饲、繁殖力强、肉质结实鲜美、皮薄骨细等特点。临高乳猪更是海南名、特、优产品,它以皮脆、肉细、骨酥、味香而闻

名,烤、焖、炒、蒸皆可口。其肉质细嫩,头小皮薄骨小,瘦肉多,是制作烤乳猪的上等品。临高乳猪为黑背白肚,前额有一白色倒三角形,体躯小,背脊直,长膘快。在临高,每逢有亲朋好友到来,都要以临高乳猪来招待,蒸乳猪更是临高地区人们常见的早餐。近几年,在市场需求的拉动和当地政府的推动下,临高乳猪产业得到快速发展。

临高乳猪

琼海来旺黑猪

(三)琼海来旺黑猪

来旺黑猪养殖基地位于琼海石壁镇双滩农场,其突破传统的养殖方式,实行原生态放养,用自繁育黑猪,以山林作为牧场,以野果、野菜、野草等为主食,以米碎、米糠、椰肉渣、木薯、甘薯叶等为副食进行饲喂。经过1~2年的"野养",来旺黑猪逐渐回归野猪本性。

由于全程采取山野放养形式,猪的活动范围广,运动量大,生长缓慢,但体壮肉实。用这种健康养殖模式喂养的生态猪风味独特,肉质鲜香醇美、野味浓郁、口感细腻,无论是清炖还是爆炒,都非常美味,深受广大消费者的欢迎。

(四)东方草香猪

东方草香猪为野猪和东方本地五脚猪杂交形成的品种,肉质含水分少是它的特色。这种猪的品种属于东方本地五脚猪的另一品种,在饲养过程中主要食用草料和米糠,故其肉质瘦而紧致。东方草香猪长肉较慢,从幼崽长到上市需要1年左右的时间。东方草香猪不吃荤类食料,主要喂食草料和米糠等粗粮,这样喂养出来的猪肉质更美味。

东方草香猪

儋州温泉黑猪

(五)儋州温泉黑猪

儋州温泉黑猪又称儋州黑香猪,是儋州原种猪种,主要产于儋州兰洋镇,因其食料以温泉浸泡,饮用水直接取自冷泉而得名。这种让人耳目一新的生态养殖模式造就了味美的温泉黑猪,其被誉为有机猪。该猪除具有中国猪特有的优点——繁殖率高、耐粗饲、抗应激能力强、抗病力强、口感好等外,还具备外国猪生长迅速、日增重高、瘦肉率高等优点,在市场上广受消费者的欢迎。

儋州温泉黑猪头小,鼻梁稍弯,耳小而薄、直立并稍向前倾,耳根较宽广,嘴筒短而钝圆,体躯较丰满,饲养周期长。儋州温泉黑猪肉虽然不是高等级的猪肉,但肉的颜色鲜红,肉质细嫩、鲜美、有弹性,瘦肉部分富有嚼劲,口感特别香,而且特别适合制成腊肉、腊肠与粽子。人们熟知的儋州粽子(温泉黑猪粽子)就是采用儋州温泉黑猪肉制作而成的。

(六)烹饪运用

猪肉的结缔组织比其他家畜少,质地细嫩柔软,一般无膻异味,烹饪后滋味较好,气味醇香,除不能生食外,适合任何烹饪方法。

(1)可切成块、片、丁、条、丝、末、泥等多种形状。

(2)可与任何原料搭配,适合任何味型的调味。

(3)可用于制作冷盘、热菜、大菜、汤羹、甜菜、火锅、砂锅、面点馅料、臊子、小吃等食品。

二、海南常见牛的品种

牛是牛科牛属的野牛经驯化的牛类的总称。牛的驯化约在9000年前,最初均作肉食,后来牛也被役用。牛肉是西方人喜欢食用的动物肉的一种,近年来在我国也有很大发展。目前世界上许多优良品种牛按生产方向的不同,可划分为乳用、肉用、役用和兼用等生产类型。中国除牧区外原无肉用牛品种,肉用牛主要为农区淘汰的老牛和残牛,包括黄牛、牦牛和水牛。20世纪80年代以来,随着农村经济的发展,大量役用牛转为役肉兼用牛或肉用牛。近年来依靠黄牛改良、提高牛肉产量和出栏率,并随着肥育技术和现代屠宰工艺的应用,肉牛生产已成为一个新兴的产业。

(一)海南黄牛

海南黄牛又称高峰黄牛、雷琼牛,主要分布于五指山、琼中、东方、儋州、澄迈、定安等地,以散养为主。海南黄牛养殖密集区为海口秀英区的羊山地区,主要分布在石山、永兴、遵谭、十字路、龙塘、旧州等镇。2000多年来,海南黄牛在海南具有丰富草原的自然条件下,在劳动人民的严格选育下,形成了耐热、耐旱、耐劳、耐粗饲、抗病力强、遗传性能稳定、皮薄、产肉率高、肉质细嫩等优点。

海南黄牛

海南黄牛属役肉兼用牛。海南有的地方把海南黄牛称为"琼中小黄牛""五指山小黄牛"等,所有卖海南黄牛肉的店,多称其为"野黄牛"。

(二)定安黄牛

定安黄牛以放养为主,湿润的空气、丰富的水源、茂盛的牧草、特殊的地理位置为养殖定安黄牛提供了一个绝佳的自然环境。特别是在中部黎族、苗族聚居区,农民习惯把黄牛放养在海拔700 m以上的荒坡上,常年任其自由生长,以吃树叶为生,因为放养在山间的小黄牛采食野外植物,人们认为这样的牛肉非常滋补,所以本地纯种小黄牛肉又称为"鹿肉"。

放养的方式导致黄牛体格始终不够健壮,与内地精心饲养的牛有很大差距。仔牛生长所需的营养成分其实远远不够,舔食盐巴可以健胃助消化,补充仔牛生长日常所需的微量元素,所以要时常给牛吃盐巴。天然的好草和好水造就了定安黄牛肉皮薄、肉嫩的特点及回味悠长的口感。

定安黄牛

陵水椰香牛

（三）陵水椰香牛

椰香牛又称雷琼牛,以海南黄牛为母、海南和牛为父,杂交而成。椰香牛具有个体大、耐粗饲、肉质好、生长速度快、抗病力强等优点。成年椰香牛比本地牛大1倍多,重量可达600 kg以上,椰香牛肉明显布满大理石花纹,肌间脂肪丰富,肉质滑、绵软,感觉很细腻。生长在陵水的椰香牛能吃上鲜花和青草,摄入花、草里面含有的矿物质。椰香牛还十分爱吃椰子,会将椰子连汁带肉一起吃光,久而久之,牛肉里就带上了椰香,堪称陵水乃至海南的一绝。相比普通的黄牛肉,椰香牛肉的价格要高出四五倍,但它的肉质完全对得起这个价格。

（四）海南和牛

海南和牛是海南养牛企业利用从国外引进的优质肉牛——日本和牛的胚胎和冻精,采用胚胎移植和人工授精改良技术,经过多年的育种、繁殖和饲养实践,成功在海南培育出的优质肉用牛。其适应性强、体形大、增重快、屠宰率高、肉质细嫩且大理石花纹分布均匀、风味十分独特,深受广大消费者青睐,饲养效益十分可观。海南省政府已经对海南和牛的发展目标进行了规划,将其列

海南和牛

为转变牧业增长方式、带动农民致富和做大、做强、做精海南畜牧业的重要措施来抓。

（五）烹饪运用

牛肉含水量虽比猪肉、羊肉高,但是因肌纤维长而粗糙、肌间筋膜等结缔组织多,初步加热后蛋白质凝固时收缩性强,持水性相对降低,失水量大,反使肉质老韧。

(1)牛肉烹饪时多作主料,极少用作配料。

Note

（2）可制成冷盘、热菜、大菜、汤羹、火锅等，也可做馅料用于包子、饺子、馅饼等，或做臊子用于面条、面片等。

（3）烹饪时多切块，采用炖、煮、焖、煨、卤、酱等长时间加热的烹饪方法。

（4）牛肉亦用于腌、腊、干制，可制成牛肉松、牛肉脯、牛肉干等食品以及罐头制品。

三、海南常见羊的品种

羊是牛科羊亚科绵羊属和山羊属动物的统称。中国各类羊主要分布于北方、西北、西南和西藏的牧区、半农半牧区，农业区和南方山区也有少量分布。中国养羊多供毛皮用，仅几大牧区以羊作为肉食畜，其他地区除冬季外食用较少，羊肉占全国肉消费量的比例很小。

（一）万宁东山羊

万宁东山羊为海南万宁特产，因为主产于海南万宁的东山岭，所以被当地人简称为"东山羊"，为全国农产品地理标志。其全身毛色乌黑发亮，所以又称黑山羊，个别也有褐色，蹄为黑褐色。万宁东山羊体形中等，体躯匀称，头部大小适中，耳小而直立，角呈外八字，面平额小而稍凸，颈部细长，眼睛有神，反应灵敏，背部平直，胸深宽，腰紧凑，四肢结实，腿部肌肉发达，蹄质坚实，毛色纯黑油亮，无杂色。

万宁东山羊以鲜美的羊肉而闻名岛内外，它与嘉积鸭、和乐蟹、文昌鸡一起被人们并称为海南四大名菜。2009年，海南黑山羊（东山羊）被海南省农业厅列入"第一批畜禽遗传资源保护品种名录"。其肉质鲜美、醇香可口、深受人们欢迎。鲜万宁东山羊肉质鲜红有光泽，致密有弹性，皮薄，呈灰白色，脂肪呈淡黄色，具有新鲜羊肉固有的气味，无异味。

万宁东山羊

石山雍羊

（二）石山雍羊

石山雍羊为海南海口秀英区特产，全国农产品地理标志。"混沌初开奇景在，天湖曾注古岩浆，更有佳肴与美味，东山羊与石山羊"。石山雍羊生长于石山镇，火山灰让当地的土地变得肥沃和特殊，羊群在这里自由放养，再喂以牧羊人精心挑选的生长在火山地区的羊草。这样生长起来的石山雍羊，其肉细皮嫩，不腻不膻，入口滑爽，香气沁鼻。

石山雍羊体格中等，体躯匀称，毛色乌黑发亮、短密有光泽，额、背、尾部等处的毛较长。角、蹄为黑褐色。面平，耳尖直立，颔下有须，颈细长。背腰平直，臀部狭小倾斜，十字部较高，胸狭小，腹部大而不垂。皮薄，呈灰白色，肌肉色泽鲜红、有光泽，肌纤维细密，有韧性，富有弹性，外表微干,切面湿润,不黏手。其肉具有新鲜羊肉固有气味,无异味。煮沸后肉汤呈淡黄色,透明澄清,液面聚有少量脂肪团,具特有香味。石山壅羊的食法有汤涮、白切、红焖和药炖,以羊肉火锅较为出名。剁羊骨成块熬汤,汤中配以鲜笋和酸菜,将皮肉薄片烫煮,肉香嫩滑,其汤酸甜宜人。

(三)三亚黑山羊

三亚黑山羊毛多为黑色,少数为麻色及褐色,其外貌清秀、体质结实,肉质细嫩、肥而不腻、膻味小、味道鲜美。三亚黑山羊皮毛黑亮、结实健壮,主要的食物来源为山林的各种杂草,不需要喂以饲料,原生态的生长环境使其肉质鲜嫩,绿色健康。三亚黑山羊饲养历史已有1000多年,是在三亚特定的社会、经济和生态环境条件下,经劳动人民长期选育而成的品种,具有遗传稳定、适应性强、耐粗饲、抗逆性强、合群性强等特点。

三亚黑山羊

澄迈永发黑山羊

(四)澄迈永发黑山羊

永发黑山羊来自海口、澄迈、定安交界的东山火山岩地区,以澄迈永发镇的乳羊最为有名。这个区域是火山岩地区,灌木丛生,为放牧的黑山羊提供了丰富的天然饲料,此自然环境下放养的羊的肉无膻味且肉质鲜嫩。澄迈永发黑山羊的味道可谓一绝。澄迈永发镇地处火山口,土壤富硒,水草丰美,这是养殖永发黑山羊的优势所在。这种黑山羊肌纤维细,硬度小,肉质细嫩,味道鲜美,膻味极小,营养价值高。

(五)烹饪运用

(1)烹饪中,羊肉适合各种刀工与工艺加工,适合任何烹饪方法,可做任何味型。

(2)能做菜肴、小吃、点心,也可用于主食。可做冷盘、热菜、大菜、汤羹、火锅,也可做臊子、馅料。

(3)可经腌、酱、熏、干制、风制成各式加工肉制品。

四、其他畜肉

(一)兔肉

兔肉色浅,呈粉红色,瘦肉占比高,肉质细嫩柔软,微带土腥气味,是"三低一高"(低脂肪、低胆固醇、低热量和高蛋白质)营养食品,有"飞禽莫如鸽,走兽莫如兔"之说。因含抗糙皮病成分,有助于皮肤细嫩,故兔肉又以"保健肉""美容肉"称誉于世。

烹饪运用:兔肉极易被调味品或其他鲜美原料赋味,生长期在1年以内的兔,肉质细腻柔嫩,多用于煎、炸、炒、蒸;生长期在1年以上(包括1年)的兔,肉质较老,多用于烧、焖、卤、炖和煮制。

兔　　　　　　　　　　　　　马

(二)马肉

马肉呈暗红色或棕红色,瘦肉较多,肌纤维粗,结缔组织含量高,质地紧硬。肌肉间夹杂有少量黄色脂肪,肌肉和脂肪的质量不低于牛肉,是一种高蛋白质、低脂肪、低胆固醇的理想保健食品。马肉中还含有较多的糖原,吃入口中回甜,但易发酸。马肉具有扩张血管、促进血液循环、降低血压等功效,尤其老年人常食用马肉可增进健康、延年益寿。

烹饪运用:马肉肌纤维较粗,适合时间长的烹饪方法,如炖、煮、卤、酱、焖等;多用香辛料以矫其异味。较著名的菜肴有马肉米粉、五香马肉等。

(三)驴肉

驴肉肉质近似牛肉,较马肉细嫩、紧密,且更香;色泽暗红,瘦肉多,脂肪少,且脂肪中不饱和脂肪酸含量高;质细味美,素有"天上龙肉,地上驴肉"之说,是典型的高蛋白质、低脂肪食物。驴肉具有补血、益气、补虚等功能,是理想的保健食品。驴皮是熬制阿胶的上好原料。

烹饪运用:驴肉的味道较牛肉香,稍有腥味,适合卤、酱、烩、烤、炒、炸、煮等多种烹饪方法,尤其以卤、酱较为常见。怀府驴肉、五香驴肉、肴驴肉等都是有一定知名度、备受人们喜爱的地方名菜。骡肉与驴肉非常相似,民间有"香骡肉,臭马肉"之说,其烹饪运用同驴肉。

驴　　　　　　　　　　　　　狗

(四)狗肉

狗肉色深红,肌纤维细,脂肪含量较低,腥味较重。狗肉营养价值高,含有多种氨基酸和脂肪,吃后可使人产生较高的热量,故为冬令进补佳品。俗话说"寒冬至,狗肉香""吃了狗肉暖烘烘,不用棉被可过冬"。

用狗肉制作的菜肴,滋味醇香、香气四溢,因而在有些地方,人们称之为"香肉",也许正是因为这样,所以才有"十月小阳春,狗肉抵人参;狗肉滚三滚,神仙站不稳""肥羊抵不上瘦狗肉"之说。但狗肉的土腥味令人不快,因此加工烹饪时一定要注意除膻。

烹饪运用:狗肉多以炖、煲、煮等方式进行烹饪。名菜有沛县的鼋汁狗肉、广东的狗肉煲、贵州的花江狗肉、朝鲜族的白切狗肉等。

五、畜副产品类

畜副产品包括多种器官、腺体和组成动物躯体的其他部分。中国食物原料的广泛性和原料的利用率都超过西方,西方人不喜欢吃的动物内脏,中国人却完全有办法"化腐朽为神奇",使它们成为令人垂涎欲滴的美味佳肴,有些下水菜甚至可以搬上高档宴席,如佛跳墙、九转大肠等,这是中国烹饪的一大特色。畜副产品主要有猪、牛、羊的头、尾、脑、舌、耳、皮、筋、血、骨、蹄爪、心、肝、肺、肚、肾、肠、脾、胰、鞭、板油等。由于猪肉的消费量占畜禽肉消费总量的64%,所以,食物原料市场上以猪的副产品为多,本节也以猪的副产品为主进行介绍。

(一)头、尾、蹄爪

头、尾、蹄爪都含有大量胶原蛋白。猪头可分解为猪脑、猪舌、猪耳、猪拱嘴、猪眼、猪软腭等部位使用。猪脑肉质如豆腐,外被血筋、薄膜与黏液,有腥味;猪舌肉质细腻致密,表层有一层粗糙的硬皮,经沸水烫后可褪除;猪耳由两层皮加一层白色软骨构成,富含胶质,无肌肉,质地脆爽。猪尾由尾椎骨以肌肉、韧带连接,被以外皮而构成,根部较粗,末端较细,一般长20～30 cm。猪前爪又称猪手、前蹄,后爪又称猪脚、后蹄,为猪腿膝以下部分,由皮、筋、骨及部分胶质脂肪组成。

烹饪运用:头、尾、蹄爪多使用长时间加热的烹调方法,如炖、焖、煨、烧、扒、卤、酱等,名菜有浙江奉化酱烤猪头、四川豆渣猪头、黑龙江扒猪脸、扬州扒烧整猪头、江苏宿迁猪头肉、广州白云猪手、上海糟猪脚爪、广东发菜蚝豉猪手、甘肃红枣烧摆摆、广州花生焖猪尾等。

(二)内脏

畜类屠宰业将内脏分为白内脏和红内脏。

白内脏:包括肚、肠、脾。猪肚呈椭圆形囊状,由贲门部、胃体和幽门部三个部分组成,幽门部与十二指肠相连,肌层厚实,俗称肚头或肚仁,胃壁有较多黏液,腥臊味大。猪肠分大肠、小肠和直肠,大肠、直肠的肌层较小肠发达,应用较多;小肠多用于制作肠衣。猪肠具有较浓的腥臭气,处理猪肠时应去除异味。猪脾呈暗红色,为重要的储藏血液的场所和最大的淋巴器官,烹饪中应用甚少。

红内脏:包括心、肝、肺、肾。猪心由心肌构成,呈梨形,心肌纤维短而有分支,富含肌红蛋白,故呈深红色;肌肉坚实,弹性高,肉质细嫩而柔软。猪肝呈红褐色,有光泽,细嫩柔软,富有弹性,其表面覆盖浆膜。猪肺由肺泡构成,呈左右分布,表面有浆膜,柔软光滑、有弹性、易破,肺内布满血管。烹饪前，要从气管中反复注入水，去除血污，直至肺呈洁白的颜色。猪肾即"猪腰"，呈豆形，表层为红褐色的皮质，是食用的部位；深层为髓质，有较浓重的臊味，俗称"腰臊"，在加工时通常要去掉这部分。

烹饪运用：内脏中的肾、肠、心、肝、肺应用较多。猪腰常采用炒、氽、爆、炝等快速成熟的烹饪方法，以保证菜品的脆嫩质感，如爆腰花、炝腰片、拌腰丝等；也可用炖、烩等方法制作。如冬菇炖酥腰，加工时不去腰臊，只在整个猪腰上剞花刀，用水泡去血污，经长时间炖制而成，成品不仅全无臊味，而且口感酥烂、味道鲜美。猪肚质感脆嫩，可用爆、炒等方法加工，也可制作酱卤菜品。

猪大肠适合用烧、熟炒、卤、炸等方法烹调，如山东九转大肠、山西葫芦头、吉林白肉血肠、四川火爆肥肠等都是名菜。猪心常以炒、爆、炝、卤、酱等方法烹调，如炒猪心、卤猪心等。猪肝多采用熘制、氽煮方法成菜，初加工时，要除去胆囊。

猪血凝块与豆腐同烩，称为"红白豆腐"。猪血也可做成羹式菜品；满族习俗以猪血灌肠，煮后切片与白肉片共炖成"白肉血肠"，也可制成火锅菜式等。猪皮应用较广，可鲜用、熟用、熬冻用和干制再涨发用，可制作凉菜，如拌猪皮、三丝彩冻、烩皮冻。

六、畜类制品

畜类制品是指以畜肉或畜副产品为原料，运用物理或化学方法，配以适当辅料和调味品，经干制、腌制、卤制等加工方法加工而成的成品或半成品。其成品可分为即食产品和非即食产品两大类，根据加工方式的不同可分为腌腊制品、干制品、灌肠制品、酱卤制品、熏烤制品、油炸制品六类。

（一）腌腊制品

一般将未经干燥的畜类制品称为腌制品，将腌制后又干制的制品称为腊制品。由于加工上相关联，所以将其通称为腌腊制品。腊肉为腌腊制品的代表。

腌腊制品

干制品

（二）干制品

采取自然干燥或人工干燥方式脱去水分的畜类制品。自然干燥有晾晒、风干和阴干等，人工干燥有煮炒、烘焙、真空干燥、远红外干燥等。

（三）灌肠制品

灌肠制品主要以猪肉、牛肉等为原料,经刀工处理后,加入各种调味品腌制,然后灌入天然或人工合成的肠衣中,经短时烘干,再煮熟或烟熏、干制而成。其多为熟制品,少为半熟制品或生制品。熟制品可直接食用。

灌肠制品

酱卤制品

（四）酱卤制品

酱卤制品是将畜类原料放入调味汁中,经卤、酱、糟、煮等工艺加工而成的制品。这是我国传统肉制品加工方法之一。根据所用调味品和加工方法的不同,通常将其分为酱制品、蜜汁制品、卤制品、白煮制品和糟制品五类。如卤牛肉、卤猪头。

（五）熏烤制品

利用无烟明火或烤炉、烤箱产生的高温使畜类原料成熟而成的制品。

熏烤制品

油炸制品

（六）油炸制品

将畜类原料放入热油中,利用热油的高温改变原料的形状、质感以及风味,使制品具有香、脆、松、酥等良好的口感,并形成金黄色的外观。炸猪排、酥肉、响皮等就是常见的油炸制品。

七、乳和乳制品类

乳是哺乳动物分娩后从乳腺分泌的一种白色或黄色、不透明、具有生理作用与胶体特性的液体。它含有幼小动物所需的全部营养成分,而且是最易消化吸收的食物。

乳制品是指以生鲜牛(羊)乳及其制品为主要原料,通过一定的加工工艺(如干燥、发酵、浓缩、分离等)制成的各种产品。

（一）乳制品的种类

1. 液体乳类　如巴氏杀菌乳、超高温灭菌乳、可可牛奶、原味酸奶、复原乳、果粒酸奶等。其是添加或不添加食品添加剂/食品强化剂或辅料,经发酵或不发酵制成的产品,均可直接饮用,有不同的保质期。

2. 乳粉　如全脂乳粉、脱脂乳粉、全脂加糖乳粉、调制乳粉、婴幼儿乳粉、其他配方乳粉。其为粉末状制品,含水量为 $2.5\% \sim 5\%$,冲调方便,便于储存和运输。

3. 炼乳类　如全脂无糖炼乳、全脂加糖炼乳、调制炼乳、配方炼乳等。其为浓缩型乳,呈黏稠状、乳白色,一般装在密封容器内,便于储存和运输。

4. 乳脂肪类　如稀奶油、奶油(黄油)、无水奶油等。稀奶油脂肪含量在 10% 以上,奶油脂肪含量在 80% 以上,无水奶油脂肪含量在 99.8% 以上,均为白色或淡黄色固体,有奶香味。

5. 干酪类　如原干酪、再制干酪等,其为乳的精华,如 11 kg 乳只能生产出 1 kg 原干酪,因此其钙含量高。

6. 乳冰激凌类　如乳冰激凌(脂肪含量不低于 6% ,总固形物含量不低于 30%)、乳冰(脂肪含量不低于 3% ,总固形物含量不低于 28%)等。其为含有优质蛋白质及高糖高脂的食品,营养成分为牛奶的 $2.8 \sim 3$ 倍,在人体内的转化率高于 95% 。

（二）烹饪运用

牛奶可做汤汁以增味调色,如牛奶白菜、奶油豆腐,直接加牛奶烧制,色泽奶白,吃起来鲜香;可作为主料,如脆皮炸牛奶、大良炒鲜奶、牛奶蛋卷(牛奶调鸡蛋煎制)等;可做甜菜,如山楂奶酪、杏仁豆腐、牛奶鸽蛋羹、牛奶豆瓣酥、杏仁奶露等。西式面点应用牛奶较多,中式面点则较少。在调制面团时,适当添加一定比例的牛奶,会使发酵面点在暄软蓬松的同时,更显得乳香滋润,提高口感和营养价值。用牛奶配制的奶茶,是藏族同胞每日不可或缺的饮料。

乳制品中的炼乳常用作焙烤食品、糕点和冷饮品等食品加工的原料,淡炼乳在烹饪中可用于制作布丁和牛奶蛋糊,甜炼乳在烹饪中可用于制作甜食、布丁、奶油馅饼和蘸料味碟等。奶油是一种高热量、具有特殊奶香的食品,可直接涂抹于面包、蛋糕上食用,在面点中常作为起酥油使用。奶油还是大型食品雕刻"黄油雕"的重要原料。奶酪可夹在面包中食用,也可调制其他食品,在烹饪中用于烤制菜肴和点心。

任务 3

畜类原料的品质鉴别与储存

一、畜肉宰后的变化

宰后的畜肉,体内平衡被打破,各组织将经过僵直、成熟、自溶和腐败四个阶段的变化。一般温度下,畜肉在放血后1~2 h就进入僵直阶段,处于这一阶段的肉坚硬、干燥,无自然芬芳的气味,不易煮烂且难以消化。经过24~48 h才进入成熟阶段。这时的肉柔软、多汁,具有芬芳的气味,滋味鲜美,易煮烂,也易消失,而且能分泌出大量乳酸杀死有害微生物。继续变化下去,就进入自溶阶段和腐败阶段,这时畜肉开始变质,到最后不能食用。所以处于成熟阶段的畜肉最适合食用。

二、畜肉及其制品的感官鉴定

畜肉的腐败变质是一个非常复杂的过程,同时受各种因素影响,因此要准确判定腐败的界限是相当困难的,尤其判定初期腐败更为复杂。一般情况下,通过测定畜肉腐败的分解产物及引起的外观变化和细菌的污染程度,同时结合感官鉴定,对带骨鲜肉、剔骨包装及解冻肉进行新鲜度检查,可判断其利用价值。在餐饮业,主要通过感官鉴定来判断畜肉的新鲜度。

(一)正常畜肉的感官鉴定

畜肉在腐败变质时,由于组织成分的腐败分解,首先肉品的感官性状发生令人难以接受的改变,如强烈的臭味、异常的色泽、黏液的形成、组织结构的分解等,因此,借助人的嗅觉、视觉、触觉和味觉来鉴定畜肉的卫生质量,简便易行,具有一定的实用意义。

项目	新鲜肉	冻肉	腐败肉
色泽	肌肉有光泽,红色均匀,脂肪洁白	肌肉有光泽,红色或稍暗,脂肪白色	色暗,肉质变黑或变为淡绿色,脂肪灰色,无光泽
组织状态	纤维清晰,有坚韧性,指压后凹陷立即恢复	肉质紧密,有坚韧性,解冻后指压凹陷恢复较慢	弹性低或无弹性
黏度	外表湿润,不黏手	外表湿润,切面有渗出液,不黏手	肉表面发黏,此为重要特征

续表

项目	新鲜肉	冻肉	腐败肉
气味	具有新鲜肉固有的气味,无异味	解冻后具有新鲜肉固有的气味,无异味	有恶臭味

（二）不正常畜肉的感官鉴定

不正常畜肉包括含寄生虫的肉、发霉肉、病死畜肉、黄脂肉、黄疸肉、猪苍白松软渗水肉（PSE肉）、牛黑硬干肉（DFD肉）、红膘肉、气味异常肉、注水肉、瘦肉精肉、种母猪肉和种公猪肉等。

1. 注水肉　注水肉是用强制手段向肉中注水以增加质量来多卖钱的一种损害消费者利益的"违法肉"，市场上猪肉、牛肉、羊肉等均可制成注水肉。有的商贩为了多赚钱，甚至向猪肉、牛肉、羊肉中注盐水、矾水以增加质量。据测定，100 kg鲜猪肉注水量可达5～10 kg，鲜牛肉注水量可达10～20 kg，鲜羊肉注水量可达5 kg左右。一般凉爽和寒冷的季节注水肉较多。

2. 瘦肉精肉　瘦肉精是一类药物的统称，通常指盐酸克仑特罗，即一种平喘药。它既非兽药，也非饲料添加剂，而是肾上腺类神经兴奋剂。它能够改变养分的代谢途径，促进动物蛋白质的合成，抑制脂肪的合成和积累，从而改变酮体的品质，使酮体瘦肉率提高10%以上。

家畜吃了瘦肉精后，瘦肉精主要在肝、肺等处蓄积。瘦肉精化学性质稳定，只有在172 ℃以上的高温才会分解。人即便吃烧熟的猪肝、猪肺，也会立即出现恶心、头晕、肌肉颤抖、心悸等中枢神经中毒的表现，尤其是对高血压、心脏病、糖尿病、甲状腺功能亢进症、前列腺肥大患者危险性更大。健康人摄入瘦肉精超过20 mg就会出现中毒症状。

3. 注水肉和瘦肉精肉的感官鉴定

鉴别畜肉是否为注水肉的方法：①看颜色：颜色较淡，呈淡灰红色。②测弹性：组织松弛，弹性降低，较肿胀，指压后凹陷恢复较慢，压时能见液体从切面流出。③试黏度：手摸切面黏度降低，外观湿润并有血水流出。④闻气味：气味较正常肉淡，带有酸味或血腥味。⑤观肉汤：肉汤混浊，缺少香味，有上浮的血沫，有血腥味。⑥纸试：纸上有明显浸润，再进行一次纸试，仍有明显的浸润，而且多呈点状。⑦刀切：弹性低，刀切面合拢后有明显痕变，像肿胀一样；刀切面有水渗出。

鉴别畜肉中是否含有瘦肉精的方法：①看畜肉皮下脂肪层的状态，如果其厚度不足1 cm，瘦肉与脂肪间有黄色液体流出，说明该畜肉有存在瘦肉精的可能。②含有瘦肉精的肉的瘦肉部分外观特别鲜红，纤维比较疏松，时有少量液体渗出肉面，肥肉非常薄，肥肉和瘦肉有明显的分离；而一般健康的瘦肉呈淡红色、肉质弹性高，肉上没有液体流出。③一般含瘦肉精的肉，切成两三指宽时比较软，不能立于案上。购买时一定要看清该肉是否加盖有检验检疫印章。

三、畜肉的储藏保鲜

畜肉是易腐败食品，处理不当就会变质。为延长畜肉的货架期，不仅要改善畜肉的卫生状况,而且要采取控制措施阻止微生物生长繁殖。畜肉的储存保鲜方法正确与否直接影响畜肉的质量。

(一)冷却保鲜——短期储存

冷却保鲜可在一定温度范围内使屠宰的畜肉温度迅速下降,使微生物在畜肉表面的生长繁殖减弱到最低程度,并在畜肉的表面形成一层皮膜;降低酶的活性,延缓畜肉的成熟时间;减少畜肉内水分蒸发和汁液流失,延长畜肉的保存时间。经过冷却的畜肉一般存放在－1～1 ℃的冷藏间(排酸间),一方面可以完成畜肉的成熟,获得有美好芳香滋味、多汁柔软、容易咀嚼、消化性好的肉,另一方面达到短期储存的目的。运输、零售温度保持在0～4 ℃。

(二)冷冻保鲜——长期储存

冷却保鲜畜肉由于其储存温度在畜肉的冰点以上,微生物和酶的活性只受到部分抑制,储存时间短。当畜肉在0 ℃以下冷藏时,随着冷藏温度的降低,肌肉中冻结水的含量逐渐增加,使细菌的活动受到抑制。当温度降低到－10 ℃以下时,冻肉则相当于中等水分食品,大多数细菌不能生长繁殖。当温度降低到－30 ℃时,霉菌和酵母的活动也受到了抑制;所以冷冻能有效地延长畜肉的储存期,防止畜肉品质下降,在餐饮业、食品工业、家庭中得到广泛应用。冷冻间的温度一般保持在－21～－18 ℃,冷冻间的中心温度保持在－15 ℃以下。为减少干耗,冷冻期间空气相对湿度保持在95％～98％,堆放时也要保持周围空气流通。为延长冷冻肉的储存期,并尽可能保持冷冻肉的质量和风味,温度要保持在－30～－28 ℃。冷冻肉在冷冻期间会发生一系列的变化,如质量的损失、冰晶长大、脂肪氧化、色泽变化等,关键是要控制好冷冻肉的储存温度。

🥚 课后练习

一、名词解释

1.畜类原料

2.五花肉

3.前肘

4.畜类制品

二、判断题

1.从烹饪原料角度,我们把动物体的可利用部位归纳为肌肉组织、结缔组织、脂肪组织、骨骼组织。(　　)

2.海南著名的四大名菜指的是文昌鸡、嘉积鹅、东山羊、和乐蟹。(　　)

3.畜类的外表结构主要分为头部、颈部、躯干、四肢、尾五个部分。(　　)

4.根据加工方式的不同,畜类制品可分为腌腊制品、干制品、灌肠制品、酱卤制品、熏烤制品五类。(　　)

5.一般将未经干燥的制品称为腌制品,将腌制后又干制的制品称为腊制品。(　　)

三、简答题

1. 畜可以分为哪几类？

2. 简述畜类的外表结构。

3. 简述畜类制品的储存方法。

四、论述题

1. 论述新鲜畜肉的品质鉴别与储存方法。

2. 论述畜类的组织结构。

在线答题

项目 6
水产品类原料

【学习目标】

1. 学习并掌握水产品类原料的基础知识。

2. 学习并掌握水产品类原料的分类与烹饪运用。

3. 学习并掌握水产品类原料的品质鉴别和储存。

【项目导入】

海南省是我国海洋面积最大的一个省,管辖着全国 2/3 的海洋国土,管辖范围包括海南岛和西沙群岛、南沙群岛、中沙群岛的岛礁及其海域,海域面积约 200 万 km²,海洋资源非常丰富。海南省河流众多,全岛独流入海的河流共 154 条,其中水面面积超过 100 km² 的有 38 条。南渡江、昌化江、万泉河为海南岛三大河流,三条大河的流域面积占全省面积的 47%。

海南省的海洋水产资源具有海洋渔场广、品种多、生长快和鱼汛期长等特点,是我国发展热带海洋渔业的理想之地,全省海洋渔场面积近 30 万 km²。南海海域共有鱼类 1000 多种,藻类 2000 多种,虾类近千种,贝螺类 1000 多种。海南岛的淡水鱼有 15 科 57 属 72 种。

扫码看课件

鱼类原料的基础知识

一、鱼类原料的概念

鱼是指终身生活在水中，以鳍游泳、以鳃呼吸，具有颅骨和上、下颌的变温脊椎动物。

二、鱼类原料的营养成分

鱼类原料所含的营养成分因鱼的品种、年龄，鱼体部位，产出季节和地区的不同而各有差异，大致如下。

（一）蛋白质

鱼肉蛋白质含量一般为 15%～20%，其氨基酸的组成与畜肉相似，不同的是赖氨酸和亮氨酸含量较高，而色氨酸含量较低。氨基酸的组成与人体组织蛋白质相近，属于优质蛋白质，是人体蛋白质的良好来源。鱼肉肌纤维细短、结缔组织少、间质蛋白质少，易被人体内蛋白酶分解而吸收；其肉质较畜禽肉细嫩，消化率可高达 87%～98%，非常适合幼儿及老年人食用。存在于鱼类结缔组织和软骨中的含氮浸出物，主要为胶原蛋白和黏蛋白，它们属于不完全蛋白质，会使鱼汤冷却后形成凝胶。

（二）脂肪

鱼类脂肪含量一般为 1%～10%，而鲥鱼中可达 17%。鱼类脂肪多由不饱和脂肪酸组成，通常呈液态，易被人体消化，消化率为 95% 左右。鱼类脂肪中含有的长链多不饱和脂肪酸（ω-3 系列脂肪酸），如二十碳五烯酸（EPA）和二十二碳六烯酸（DHA），能促进大脑、神经系统生长发育，维持视网膜正常功能，降低血脂，预防血栓，防治动脉粥样硬化、脑卒中等心脑血管疾病。此外，鱼类脂肪含有二十二碳五烯酸，故具有特别的鱼油味。

（三）矿物质

鱼肉中的矿物质一般为钾、钙、镁、磷、钼、碘的盐类，占 1%～2%，钙、磷含量一般高于畜肉。咸水鱼钙含量比淡水鱼高，含碘尤为丰富，还含有锰、钴和硒等微量元素。虾皮中的钙含量可高达 991 mg/100 g，牡蛎中含有丰富的锌和铜。

（四）维生素

鱼类也是人体维生素的主要来源之一，是维生素 A、维生素 D 的重要来源。鳝鱼、海蟹及河蟹所含核黄素特别丰富，并含有能分解维生素 B1 的酶。鱼应烹熟后再吃，否则会破坏其他食物中的维生素 B1，故不提倡吃生鱼。海鱼如鳕鱼和鲨鱼的肝含有丰富的维生素 A、维生素 D，为提炼鱼肝油的良好原料。

（五）水分

鱼肉中约含 80％的水分，烹调时损失 10.5％～34.5％。因此，鱼肉在烹调后仍可保持其肉质的松软，易于消化和吸收。但因为水分较多，容易腐败变质，所以鱼肉较难保存。

三、鱼类原料的鲜味和腥味

鱼的鲜味主要来自肌肉中含有的多种氨基酸，例如谷氨酸、组氨酸等。当活鱼被宰杀后，体内蛋白质在酶的作用下开始分解，产生氨基酸，使其味道更鲜美。浸出物中的含氮化合物如氧化三甲胺、嘌呤类物质等也增强了鱼的鲜味。鱼的鲜味还与其蛋白质、脂肪、糖类等组成成分有关。

鱼体中所含有的氧化三甲胺很不稳定，容易被还原成具有腥味的三甲胺。从鱼的生理变化来看，鱼的生命活动停止后，体内的氧化三甲胺就会不断被还原成三甲胺，从而使鱼产生腥味。随着鱼的新鲜程度不断降低，鱼体内的三甲胺成分也增多，鱼的腥味也就越来越浓。

淡水鱼一般生长在池塘、河川、湖泊里，而这些地方腐殖质较多，适合微生物生长繁殖。含有土腥味的细菌附着在硅藻、蓝藻等浮游生物以及一些水草上，淡水鱼长期摄入这些食物，细菌随之进入肌肉、血液和组织细胞，从而使淡水鱼产生土腥味。

要想去除鱼的腥味，在烹调鱼时可加入酒、醋和葱、姜等，酒有促使蛋白质凝固的作用，蛋白质不分解，就不会形成三甲胺；醋能够将三甲胺中和成无臭的盐类；生姜是醇和酮的合成体，这两种物质都具有比较强的清除腥味的能力。

四、鱼类原料的组织结构

（一）鱼类的结构特点

1. 肌肉组织　由横纹肌和平滑肌构成。横纹肌占绝大多数主要可食部分，在显微镜下观察，横纹肌有明暗相间的条纹。横纹肌对称地分布在脊椎骨的两侧，故称为体侧肌，在鱼体的横断面中分别呈同心圆排列。鱼肉的横纹肌有红肌和白肌两种，红肌由红肌纤维构成，白肌由白肌纤维构成。暗色肉属于红肌，比普通鱼肉含有更多血红蛋白、肌红蛋白等呼吸色素蛋白质，存在于背肉和腹肉的连接处，呈深红色，与普通鱼肉的颜色有明显区别。

2. 脂肪组织　脂肪是重要的风味前体物。游离脂肪酸的高度蓄积可使鱼肉质量和结构发生改变，也能促进脂类氧化而产生异味。肠系膜、肝脏、暗色肉和腹肌是鱼体脂肪的主要分布部位。海洋鱼类的脂肪，少脂鱼（脂质含量＜2％）主要分布于肝脏，如鳕鱼和大比目鱼；多脂鱼（脂质含量＞5%)主要为体脂肪,如鲭鱼、大麻哈鱼。

海洋鱼类的脂肪区别于陆生动物的唯一特性是含有短链 ω-3 多不饱和脂肪酸。脂肪的构造单位是脂肪细胞。脂肪细胞包被一层原生质膜,细胞中心充满脂滴。影响脂肪蓄积的因素有鱼种、组织、季节、栖息水域、产卵、年龄、性别和育肥程度等。

3.结缔组织　鱼肉的结缔组织可分为肌隔、肌束膜和肌内膜。肌隔的胶原纤维粗,把鱼肉分隔成肌肉节。肌内膜是肌纤维之间的一层很薄的结缔组织膜,把肌纤维隔开,50～150 个肌纤维聚集成肌束,包被着肌束的一层结缔组织鞘膜称肌束膜。肌内膜通常与肌束膜连接,肌束膜与肌隔连接。肌内膜和肌束膜都属于肌内结缔组织,其主要成分包括胶原纤维、弹性纤维、细胞(成纤维细胞、脂肪细胞、巨噬细胞)、糖蛋白和蛋白多糖等。

4.骨骼组织　鱼类骨骼有硬骨和软骨之分。硬骨的骨化作用充分,构成了鱼体的支架,具有支撑和保护体内器官的作用。软骨组织由软骨细胞和细胞间质构成,细胞间质含有胶原纤维和软骨基质。软骨基质的主要成分是蛋白质、硫酸软骨素 A、硫酸软骨素 C 和水。鱼骨可制成骨粉,用作饲料添加剂,还可制备骨胶原蛋白。

鳖和鲸的骨化作用不完全,软骨组织较多。

(二)鱼类的外表结构

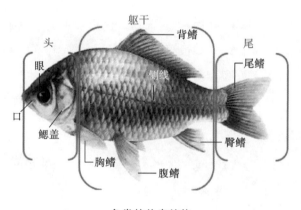

鱼类的外表结构

1.头　头部是指吻端到鳃盖后缘的部位。鱼类的头部组成主要有口、眼、鼻孔和鳃孔等。有些鱼类的口附近着生有须,如鲤鱼和鲶鱼具须 2 对,埃及胡子鲶有须 4 对。须具有感觉和味觉功能,辅助鱼类寻找食物。鱼类的眼睛大多位于头的两侧,没有眼睑,不能闭合。鱼眼的前上方有2 个鼻腔,其间有膜相隔,将鼻腔分为前、后两鼻孔,鱼类的鼻孔只有嗅觉功能。头的后部两侧鳃盖后缘有 1 对鳃孔,它是呼吸时出水的通道。

2.躯干　躯干部是指鳃盖后缘至肛门的部位。

3.尾　肛门以后至尾鳍基为尾部。鱼类的躯干部和尾部主要有鳍、鳞片和侧线。

4.鳍　鱼类的附肢为鳍,是游泳和维持身体平衡的运动器官,并起推进、刹制或转弯的作用。鱼鳍分为奇鳍和偶鳍两类。偶鳍为成对的鳍,包括胸鳍和腹鳍各 1 对;奇鳍为不成对的鳍,包括背鳍、尾鳍、臀鳍。背鳍和臀鳍的基本功能是保持身体平衡、防止倾斜摇摆、帮助游泳;尾鳍如船舵一样,控制方向和推动鱼体前进。一般常见的鱼类都具有上述胸鳍、腹鳍、背鳍、臀鳍、尾鳍五种鳍。但也有少数例外,如黄鳝无偶鳍,奇鳍也退化;鳗鲡无腹鳍;电鳗无背鳍等。

(三)鱼类的体形

各种鱼类要生活下来,不被大自然所淘汰,就要适应各种水域环境。水域环境改变了鱼类的习性,也改变了鱼类的体形。所以,鱼类体形各异,形态多样。鱼类体形大致可分为纺锤形、侧扁形、平扁形、圆筒形、球形等。

1. 纺锤形　鱼类最常见的体形。纺锤形鱼占大多数,如金枪鱼、大黄鱼、小黄鱼、鲨鱼等,它们具有发达的肌肉,游泳速度较快。纺锤形在水中的阻力最小,是适合游泳的体形,所以许多大洋洄游性鱼类(如金枪鱼)、一些游泳速度快的鱼类(如蓝点马鲛)等均为纺锤形。

蓝点马鲛　　　　　　　　　　　　　　　　　　　银鲳

2. 侧扁形　较常见的鱼类体形,体侧扁,短而高。侧扁形鱼类一般游动不太敏捷,多栖息于水流较缓处。侧扁形鱼类也有许多种,如银鲳、马面鲀等。另外,带鱼为特殊延长的侧扁形。

3. 平扁形　平扁形鱼类背腹平扁,左右延长。它们大都栖息在水底,行动较迟缓,靠扩大的胸鳍从前到后地上下波动,来推动身体前进。如鳐属、黑魟、黑鲅鳒为典型的平扁形鱼类。

蓝旗条尾魟　　　　　　　　　　　　　　　　　　黄鳝

4. 圆筒形　圆筒形也称棍棒形。圆筒形鱼类多潜伏于水底,这种体形很适合它们在软泥和水草间游动,在水底礁石岩缝穿梭,以及穴居,如鳗鲡、黄鳝等。这类鱼体表光滑、无鳞,十分黏滑,常被海下作业人员误认为蛇。

5. 特殊体形　鱼类除上述4种基本体形外,还有一些特殊体形。

(1)海马形:海马所独有的体形。海马是用鳃呼吸、用鳍游泳的脊椎动物,所以它仍是鱼类。海马完全靠鳍的运动来推动身体,游泳能力差。

(2)箱形:箱鲀科鱼类特有,体形似小箱,如盒子鱼。

海马

盒子鱼

(3)球形:鲀科和刺鲀科的一些鱼类呈短而圆的球形,体表多有长短不一的棘刺,长成球状,如六斑刺鲀。它们已不具有游泳能力,只能顺着潮水漂浮在海面。它们的食管腹侧有气囊,一旦遇到危险可急吞空气或水,迅速将身体膨胀起来,把刺张开,来防御敌人。

六斑刺鲀

(4)不对称形:鲽形目鱼类的体形为左右不对称,如鲽鱼。鲆鲽鱼类利用背鳍和臀鳍的波浪状运动使鱼体较快地向前推进。

(5)针形:体细长似针状,如尖海龙。

鲽鱼

尖海龙

任务 2

水产品类原料的分类
与烹饪运用

一、常见海鱼品种

(一)鲅鱼

鲅鱼别名马鲛鱼,属硬骨鱼纲、鲈形目、鲭科。海南本土称其为黑鱼,在海南以文昌铺前附近海域和万宁大洲岛的鲅鱼较为著名。海南民间古谚"山上鹧鸪獐,海里马鲛鲳",以此来形容马鲛鱼的鲜美。铺前马鲛鱼已成为海南著名品牌,得以走进博鳌亚洲论坛,作为指定西式餐点之一和嘉宾礼品。

马鲛鱼

由于以鱼、虾等水生动物为食,加之肉厚肥美刺少,马鲛鱼是一种经济价值较高的海鱼。在海南部分农村有"无黑鱼不成席,无黑鱼不成祭"的说法,虽然海南各市县习俗不尽相同,但过年吃黑鱼却基本相同,寓意来年家庭富裕。虽然如今百姓的生活越来越好,但这种饮食习俗仍在延续。

1. 产地和产季 马鲛鱼属近海温水性洄游鱼类,在我国产于东海、黄海和渤海,在南海以海南文昌铺前附近海域最为著名。鱼期旺季为5—6月,每年清明前后是马鲛鱼产卵的时节,此时食用最为鲜美。

2. 体形 马鲛鱼体形狭长似鱼雷,呈纺锤形,一条成年马鲛鱼可长到1 m,体重可在10 kg以上。尾柄细,每侧有3个隆起脊,以中央脊长且最高。头长大于体高,口大稍倾斜,牙尖利而大、排列稀疏,体被细小圆鳞,侧线呈不规则的波浪状,体侧中央有黑色圆形花斑。背鳍2个,第一背鳍长,有19~20根鳍棘;第二背鳍较短,背鳍和臀鳍之后各有8~9个小鳍。胸鳍、腹鳍短小无硬棘,尾鳍大,呈深叉形。

3.烹饪运用　马鲛鱼肉质细嫩洁白,糯软鲜爽,营养丰富。食用方法多种多样,可清蒸、煮汤、油炸、炒鱼片、煲粥等,在海南,香煎马鲛鱼是最传统也最受大众喜爱的做法。马鲛鱼也可腌制成咸鱼或晒成鱼干,食用时别有一番风味。隔夜马鲛鱼不宜食用,因为可使人中毒。

4.营养成分　马鲛鱼含丰富的蛋白质、维生素 A 以及钙、铁、钠等矿物质等营养成分。马鲛鱼胆固醇含量低,富含提高人脑智力的 DHA、氨基酸。马鲛鱼还具有提神和防衰老等食疗功效,常食用对贫血、早衰、营养不良、产后虚弱和神经衰弱等有一定辅助疗效。马鲛鱼有补气、平喘作用,对体弱咳喘有一定疗效。

5.食用禁忌　消化道疾病和肝、肾疾病患者通常不适合吃马鲛鱼。

(二)石斑鱼

石斑鱼别名石斑、过鱼等,属鲈形目,为肉食性鱼,凶猛,成鱼不集群,属于典型暖水性近海礁栖鱼类。因其身上遍布如石头一样美丽的花纹,故得名石斑鱼。海南石斑鱼的品种很多,现在大多是人工养殖,野生的较少。常见的有红点石斑鱼、青石斑鱼和网石斑鱼,高档的有东星斑、老鼠斑等。20 世纪 90 年代,石斑鱼在海南还属于珍稀食材。由于石斑鱼具有肉质鲜美、低脂肪、高蛋白质等特点,在港澳地区被认为是我国四大名鱼之一,是高档宴席上常见的佳肴。其价格昂贵,具有很高的经济价值,是我国沿海地区重要的养殖鱼类之一。

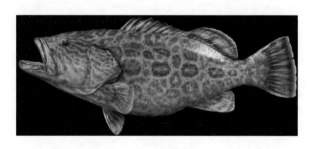

石斑鱼

1.产地和产季　石斑鱼是暖水性的大中型海鱼类,主要分布于热带和亚热带温水海域,主产于东海和南海,从浙江到海南、北部湾直至南沙群岛均有生产。20 世纪 80 年代中期,在海南陵水新村港最早出现海水网箱养殖石斑鱼。现在石斑鱼养殖主要在文昌、琼海一带,以会文、烟墩、椰林一带较为集中,万宁的和乐、东澳也较多,陵水、三亚以渔排养殖为主,石斑鱼养殖量大。夏季为石斑鱼的最佳捕捞季节。

2.体形　石斑鱼体形中长侧扁,其色彩变异较大,常呈褐色或红色,并有条纹和斑点;体披细小栉鳞,口大,头大,吻短而钝圆,牙细尖,有的扩大成犬牙;背鳍和臀鳍都有硬棘。石斑鱼体色可随环境变化而改变,成鱼体长通常为 20~30 cm。

3.烹饪运用　石斑鱼肉质较嫩、味道鲜美,适用于多种烹调方法,海南较常见的有清蒸石斑鱼、红烧石斑鱼等。

4.营养成分　石斑鱼是一种低脂肪、高蛋白质的上等食用鱼,富含维生素 A、维生素 D、钙、磷、钾等营养成分。石斑鱼的鱼皮胶质中含二甲基砜,有促进上皮组织完整生长和胶原细胞合成的作用,尤其适合妇女产后食用。石斑鱼同时富含虾青素,所以有"美容护肤之鱼"的称号。

5. 食用禁忌　石斑鱼通常不适合海鲜过敏者、痛风患者、感冒患者等人群食用。

(三)红鳍笛鲷

红鳍笛鲷别名红鱼,又名曹鱼,在分类学上属笛鲷科、笛鲷属,是南海特有的深海鱼类。它个体大、肉厚刺少、肉质细嫩并富有弹性,是南海重要经济鱼类之一。海南儋州盛产红鱼,主要在新英镇和白马井镇。在海南,儋州红鱼干是人们过年时必备的年货,在家里挂一条红鱼,寓意在新的一年里"鸿运当头"。海南儋州出产的红鱼干和临高出产的红鱼筒是海南的著名特产。

红鱼

1. 产地和产季　红鱼主要分布在我国东海、南海的辽阔海域,尤其是北部湾渔场为盛产区,春、秋两季为它的主要产季。

2. 体形　红鱼鱼体呈椭圆形,稍侧扁,一般体长 20～40 cm,体重 2～3 kg。头较大,体披中大栉鳞,侧线完全与背缘平行,眼间隔宽而凸起,全身呈鲜红色,故人们喜欢称之为红鱼。

3. 烹饪运用　新鲜的红鱼宜清蒸和红烧,在海南,红鱼主要制成干制品。红鱼干可单独成菜,如香煎红鱼干,还可以与不同食材搭配成菜,如海南著名菜肴咸鱼茄子煲、清蒸红鱼五花肉、红鱼山猪缘、红鱼木瓜汤、红鱼粥等,成菜各具风味。红鱼干可油炸,可干炒,还可用来包粽子,海南儋州的红鱼粽子也是非常有名的美食。

4. 营养成分　红鱼含有丰富的蛋白质、钙、磷、铁和维生素等成分,营养价值很高。由于生长在深海、无污染,红鱼营养成分活性极高,易被人体吸收。研究表明,从红鱼中提取的可溶性胶原蛋白具有极高的细胞黏结性、高保湿性及良好的感官性能,且活性高,易吸收,不但能延缓皮肤衰老,减少皱纹、色斑问题,更能改善人体新陈代谢,促进身体状态年轻化。

5. 食用禁忌　红鱼不能与性凉的食物一起食用,会引起肠胃不适,过敏体质者应谨慎食用,痛风患者忌食。

(四)鲣鱼

鲣鱼别名炸弹鱼,属鲈形目、鲭科、鲣属。由于它生活在水深 100～400 m 的大洋深处,洄游范围限于盐度高的外洋,较少接触污染较严重的近海和沿岸水域,其肉质受到近海污染的程度非常低。因此,鲣鱼肉是非常好的绿色食品。

1. 产地和产季　鲣鱼主要分布在太平洋、大西洋和印度洋的热带、亚热带和温带广阔水域,多集群于辐射区冷暖水团的交汇处及水质澄清的海区,在我国主要产于南海。在南沙群岛,鲣鱼产卵期为 3—8 月,在沿岸各地均可捕获。

鲣鱼

2. 体形　鲣鱼身体呈纺锤状,粗壮,侧扁,尾柄细,体表光滑,很像一枚炸弹,因此别名为炸弹鱼。身体大部分无鳞,嘴尖,背鳍有 8～9 个小鳍;臀鳍条 14～15 根,小鳍 8～9 个;尾鳍呈新月形,各鳍为浅灰色。体侧具 4～7 条纵条纹,体背蓝褐色,腹部银白色。全长可达 1 m 左右,为快速游动的远洋鱼类。

3. 烹饪运用　鲣鱼可做刺身,口感极佳,是如今大众认可的无公害、绿色、健康海鲜珍品。新鲜的鲣鱼可煎可炸,最为出名的是日本风干鲣鱼,质地非常坚硬,食用时要用特殊工具刨花吃。在海南万宁,最家常的制作方法是萝卜干煲炸弹鱼,配上一碗甘薯稀饭,是炎热天气下最适口的美食。

4. 营养成分　鲣鱼的营养成分非常丰富,富含 DHA 和 EPA。EPA 可以降低胆固醇、预防心脑血管疾病,具有滋补健胃、利水消肿、通乳、清热解毒、止嗽下气的功效。鲣鱼具有促进人体神经系统发育以及预防乳腺癌、延缓皮肤老化、确保皮肤水合作用等功效,能有效提高视网膜的反射率,改善视力。

5. 食用禁忌　鲣鱼不能与寒凉食物同食,如空心菜、黄瓜等蔬菜;饭后不能马上饮用汽水、冰水、雪糕等;食用鲣鱼时要少吃西瓜、梨等性寒水果;不能与啤酒、红葡萄酒同食,因为同食会产生过多的尿酸,从而引发痛风。

(五) 带鱼

带鱼别名白带鱼、裙带鱼、鳞刀鱼,属于脊索动物门下脊椎动物亚门中的硬骨鱼纲、鲈形目、带鱼科,栖于外海的中下水层,有洄游习性。带鱼生性迅猛,活动多,促成了它肉质鲜美的口感。带鱼与大黄鱼、小黄鱼、乌贼并称为我国传统四大海产,也是我国所有海鱼中产量最高的鱼。

带鱼

1. 产地和产季　带鱼主要产区为山东、浙江、河北、福建和广东沿海。海南带鱼也被称为南海带鱼,盛产于南海海域,11—12 月是盛产带鱼的季节。带鱼肉肥刺少,味道鲜美,营养丰富。海南是明显的亚热带海洋性气候区,在这种环境下长成的带鱼,无论是鱼肉的口感还是入口的鲜味,都要比进口带鱼好很多。

2. 体形　带鱼体长,侧扁,呈带状,头窄长,口大且尖,下腭长于上腭,牙锋利,眼大位高,尾部呈细鞭状。头长为体高的 2 倍,眼平坦;体表银灰无鳞,表面有一层银粉,侧线完全在胸鳍上方,有显著折向腹面的弯曲;背鳍极长,无腹鳍,臀鳍仅棘尖稍露出于皮肤。

3.烹饪运用　带鱼肉质细腻,无小刺,适宜红烧、干炸、煎、清蒸等。海南常见做法是香煎带鱼或清蒸带鱼,北方较喜欢油炸、红烧,也可以做干锅、火锅以及西式、日式料理。鱼肉易于消化,是老少咸宜的菜肴。

4.营养成分　带鱼中不饱和脂肪酸含量高,具有降低胆固醇的作用。带鱼身上的鳞和银白色油脂层中还含有一种抗癌成分——6-硫代鸟嘌呤,对辅助治疗白血病、胃癌、淋巴肿瘤等有益。带鱼含有丰富的镁元素,对心血管系统有很好的保护作用,有利于预防高血压、心肌梗死等心血管疾病。常吃带鱼有养肝补血、补益五脏、养肤养发的功效。

5.食用禁忌　痛风、过敏和哮喘患者,以及湿疹、红斑狼疮、癌症患者和孕期女性不允许食用。食用时不能与南瓜、毛豆、番茄一起吃。其中,与南瓜同吃会导致中毒,与番茄和毛豆同吃会影响吸收。带鱼不能与牛油、花生、甘草、荆芥等一起食用,以免引起不适症状。

(六)宝刀鱼

宝刀鱼别名西刀鱼、海刀鱼、瓦刀鱼等,是宝刀鱼科、宝刀鱼属海洋鱼类的统称,因体延长似长刀而得名。宝刀鱼是海洋暖水性鱼类,喜栖息在海洋中上层,具有掠食性,对很多鱼类具有侵害性,是南海常见的食用鱼类。

宝刀鱼

1.产地和产季　宝刀鱼在我国主要分布在南海、东海沿岸的广东、福建、台湾等地,以4—5月和9—11月产出较多。

2.体形　宝刀鱼呈长刀形,侧扁,背缘近于平直。口大、眼大、头短,每侧2个鼻孔,一般体长30 cm,最长达3.6 m,体重300~700 g。下颌凸出,斜向前上方,口裂倾斜,上颌中央有2犬牙,下颌具强大犬牙,上颌两侧和腭骨有细密小牙。身体有小圆鳞,极易脱落,无侧线;背鳍位于体后方,与臀鳍起点相对,尾鳍呈深叉形;体背青绿色,两侧银白色。

3.烹饪运用　宝刀鱼可供烧、煮、焖、炖、煎、炸等,海南较为普遍的做法是煮或煎。

4.营养成分　宝刀鱼具有益气力、强筋骨的功效,同时具有一定的药用价值。我国古今医学及水产药用书籍记载,宝刀鱼有养肝、祛风、止血等功效。中医认为它能和中开胃、暖胃补虚,还有润泽肌肤的功效。宝刀鱼全身的鳞和银白色油脂层中还含有一种抗癌成分——6-硫代鸟嘌呤,对辅助治疗白血病、胃癌、淋巴肿瘤等有益。宝刀鱼含有丰富的镁元素,对心血管系统有很好的保护作用,有利于预防高血压、心肌梗死等心血管疾病。

5.食用禁忌　对于湿热以及患有疥疮瘙痒等疾病的人群,宝刀鱼是不能食用的。宝刀鱼中含有大量嘌呤类物质,对于痛风患者非常不友好。宝刀鱼不可与番茄同食,番茄含有维生素C,维生素C对宝刀鱼肉中营养成分的吸收有抑制作用。毛豆与宝刀鱼同食,会抑制人体对维生素B1的吸收。

(七)海鳗

海鳗别名牙鱼、狼牙鳝,是海鳗科、海鳗属鱼类。母鱼于秋季入深海产卵,幼鱼呈柳叶状,进入浅海中生长。海鳗肉质洁白细嫩,脂肪含量高,为上等食用鱼类之一。海鳗为凶猛的底层鱼类,游泳速度快,常栖息在水深50～80 m、底质为沙泥或岩礁的海区。海鳗主要以海洋中的小鱼、虾、蟹等为食。

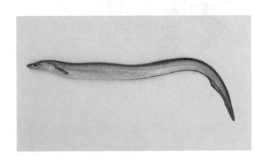

海鳗

1.产地和产季 海鳗主要分布于朝鲜、日本以及我国辽宁、山东、浙江、福建、广东等沿海地区。海鳗喜欢在清洁、无污染的水域栖身。海鳗在陆地的河流中生长,成熟后洄游到海洋中产卵,一生只产一次卵,产卵后就死亡。每年的12月至次年的2月是海鳗的最佳捕捞时间。

2.体形 海鳗呈长圆筒形,尾部侧扁,尾长大于头和躯干长度之和。头尖长,眼椭圆形,口大,舌附于口底。上颌牙有3行,强大锐利,犁骨中间具10～15个侧扁大牙。体无鳞,具侧线孔140～153个。背鳍和臀鳍与尾鳍相连,无腹鳍,鳞细小,埋在皮肤下,体黄褐色。

3.烹饪运用 新鲜海鳗适合清蒸、清炖等,如豆豉蒸海鳗。海鳗也可红烧、炒或制作成鱼丸,鱼鳔可干制成鱼肚。海鳗肉厚、质细、味美、脂肪含量高,还可制成咸干品或罐头。海鳗肉与其他鱼肉掺和制成的鱼丸和鱼香肠,味更鲜美而富有弹性,晒干海鳗鲞及鳗鱼肚为名贵海味。

4.营养成分 海鳗富含多种营养成分,具有活血通络、解毒消炎、补虚养血、祛湿、抗结核等功效,是久病、虚弱、贫血、肺结核等患者的良好营养品。海鳗体内含有一种很稀有的西河洛克蛋白,具有良好的强精壮肾功效。海鳗富含钙质,经常食用能使血钙值有所增高。海鳗的肝脏含有丰富的维生素A,是夜盲症患者的优良食品。海鳗鳔、脑、卵巢、血、卵可入药,对胃病、风湿病等有疗效。

5.食用禁忌 海鳗属于发物,对水产品过敏、慢性病、感冒发热、红斑狼疮患者不宜食用海鳗。脾肾虚弱的人群也要慎食海鳗,因为海鳗中含有极其丰富的蛋白质,大量食用会加重消化负担和肾脏排泄负担,不利于身体健康。

(八)沙丁鱼

沙丁鱼别名大肚鰛、沙鰛等,是硬骨鱼纲、鲱形目,鲱科沙丁鱼属、小沙丁鱼属和拟沙丁鱼属及鲱科某些食用鱼类的统称,因最初在意大利萨丁尼亚捕获而得名,在海南俗称灯光鱼。沙丁鱼主要分布在南、北纬度6°～20°的温带海洋区域。沙丁鱼为近海暖水性鱼类,难饲养,一般不人工养殖。它们生性懒惰,通常密集群栖,常成为其他海洋动物的掠食目标,死亡率很高;沿岸洄游,主要摄食浮游生物。沙丁鱼可以直接食用,鱼肉也可用来制成动物饲料,还可用于提炼鱼油、制革、制皂和冶炼金属等。用沙丁鱼提炼出来的鱼油是制造油漆、颜料和油毡的上好原料,在欧洲还常用沙丁鱼制造人造奶油。沙丁鱼是世界上重要的海洋经济鱼类之一。

沙丁鱼

1. 产地和产季 中国东南沿海拥有丰富的沙丁鱼类资源,主要是拟沙丁鱼属中的远东拟沙丁鱼,它们适应广东大部分地区的气温。它们多在春季产卵,秋、冬季成鱼栖息于70～80 m深水处,春季向近岸做生殖洄游。由于沙丁鱼在晚间会被光亮吸引,捕捞一般采用灯光围网、大拉网和定置网等。

2. 体形 沙丁鱼体细长,体色为银色,背鳍短且仅有一条,体表没有侧线。头部无鳞,体长15～30 cm,下腭比上腭略长,牙齿不是很明显,腹白。

3. 烹饪运用 沙丁鱼肉质鲜嫩,脂肪含量高,适用的烹调方法有清蒸、红烧、油煎等,在海南本土较为家常的做法是清蒸或香煎。也可将其腌干或晒干成干制品,食用时风味独特。沙丁鱼还可加工成鱼丸、鱼卷、鱼糕、罐头等多种食品。

4. 营养成分 沙丁鱼的营养价值极高。沙丁鱼中含有一种具有5个双键的长链脂肪酸,可防止血栓形成,对治疗心脏病有特效。沙丁鱼富含 ω-3 不饱和脂肪酸、蛋白质和钙,可以降低血压、减缓动脉粥样硬化,其富含的磷脂有利于胎儿大脑发育。

5. 食用禁忌 一般出血性疾病患者忌多吃,因为沙丁鱼含有大量 EPA,能够抑制血小板的凝集作用。痛风患者不能吃沙丁鱼,因为沙丁鱼中嘌呤含量高;肝硬化患者因为肝脏功能受损,凝血功能降低,吃沙丁鱼后容易出血,故也不能吃沙丁鱼。结核病患者和过敏体质者在治疗过程中慎吃。

(九)大黄鱼

大黄鱼别名金龙、黄花等,属于硬骨鱼纲、鲈形目、石首鱼科、黄鱼属。在我国,大黄鱼、小黄鱼、带鱼、乌贼被称为传统四大海产,是我国近海主要经济鱼类。大黄鱼为暖水性近海集群洄游鱼类,主要栖息于80 m 以内的沿岸和近海水域的中下层。大黄鱼去内脏洗净盐渍后晒干制成黄鱼鲞或制成罐头,鱼鳔可干制成名贵食品鱼肚,还可制黄鱼肚。大黄鱼肝脏中含维生素 A,为制鱼肝油的好原料。

大黄鱼

1.产地和产季 大黄鱼主要产区为东海和南海,北起长江口,南至雷州半岛湛江外海,以广东南澳岛和浙江的舟山群岛产量较多。大黄鱼平时栖息在深海区,4—6月向近海洄游、产卵,产卵后分散在沿岸索饵,秋、冬季节又向深海区迁移。大黄鱼粤东种群生殖洄游在珠江口以东沿岸海区开始得较早,1月鱼群开始由外海集中到达汕尾,转向东北方向洄游,2—3月抵甲子、神泉,3月在南澳岛东北渔场和东南渔场形成鱼汛,至4月结束。秋汛自8月开始,鱼群从福建南部沿海一带进入广东沿海,由东北向西南进行洄游。9月抵达饶平近海和南澳岛西南沿岸,10月出现于神泉、甲子,11月到达汕尾,12月在平海、澳头(大亚湾内外)附近,1月开始向外海逸散。粤西群10月初从吴川等附近向硇洲岛南、北产卵场洄游,11月为产卵盛期,产卵后分成小群,转向深水区栖息,秋汛结束。

2.体形 大黄鱼体侧扁,头较大,头颅内有2块白色矢耳石,下颌稍凸出,椎骨25～27个,尾柄长约为尾柄高的3倍。侧线鳞56～58枚,背鳍起点至侧线间具鳞8～9枚,背鳍具9～11根鳍棘,27～38根(一般为31～33根)鳍条。臀鳍具2根鳍棘,7～10根鳍条,第2鳍棘等于或稍大于眼径,各鳍黄色或灰黄色。体黄褐色,腹面金黄色,唇橘红色。鳔较大,前端圆形,具侧肢31～33对,每一侧肢最后分出的前小肢和后小肢等长。

3.烹饪运用 大黄鱼的肉如蒜瓣,脆嫩,多为整条烹制,炸、熘、烧、炒、煮皆宜。大黄鱼较出名的菜肴有糖醋黄鱼、松子黄鱼、尖钻鱼、干炸鱼、烩鱼羹、炒假螃蟹肉等,各有各的风味。海南家庭制作大黄鱼以油煎或红烧为多。

4.营养成分 大黄鱼的肉、鳔、胆、耳石、精囊和卵巢等均可治疗疾病。每100g鱼肉中含蛋白质17.6g,可以制成水解蛋白,是良好的蛋白质补充剂。大黄鱼还含有钙、磷、铁、B族维生素等物质,鳔中含高黏性胶体蛋白和黏多糖,可润肺健脾、补气活血。胆汁中含胆酸、甘胆酸、牛磺胆酸以及钠盐等,可清热解毒、平肝降脂。耳石的主要成分是钙盐,具有清热通淋的功效。

5.食用禁忌 大黄鱼是发物,哮喘患者和过敏体质者应慎食。脾胃寒凉的人群要慎用,以免导致腹痛、腹泻的发生。刚做完手术或长有疮疡的患者禁用,因为大黄鱼易引起刀口难以愈合或疮疡难以收口等。

（十）燕鳐鱼

燕鳐鱼别名飞鱼、文鳐、燕鱼等,属于飞鱼科。燕鳐鱼生活在海洋暖温性上层,喜近水面游泳。燕鳐鱼的"飞翔"不同于鸟类,每当它"飞翔"时尾鳍用力左右急剧摆动,胸鳍紧贴身体两侧,使身体迅速前进,产生强大冲力,整个身体似箭一样突然射出水面,然后胸鳍张开向前滑翔。它的"翅膀"并不扇动,靠的是尾部的推动力在空中做短暂的"飞行"。

燕鳐鱼

1. 产地和产季　燕鳐鱼在我国主要产于南海和东海南部,海南东部和南部海区产量较高。燕鳐鱼广布于全世界的温暖水域,共有 8 属 50 种,为热带及暖温带水域集群性上层鱼类,以太平洋种类最多,印度洋及大西洋次之,中国以南海种类为最多。每年的 4—5 月为捕捞旺季,燕鳐鱼从赤道附近到我国的内海产子,繁殖后代。燕鳐鱼具有趋光性,夜晚在船甲板上挂上灯,成群的燕鳐鱼就会追光而至,自己飞跃到甲板上,非常好捕捞。

2. 体形　燕鳐鱼体长而扁圆,略呈梭形,一般体长 20～30 cm,体重 400～1500 g。背部颇宽,两侧较平,至尾部渐变细,腹面甚狭。头、吻短,眼大口小,牙细,上、下颌呈狭带状。背鳍 1 个,在体后部与臀鳍相对。胸鳍特长且宽大,可达臀鳍末端;腹鳍大、后位,可达臀鳍末端;两鳍伸展如同蜻蜓翅膀。侧线位置极低,近于腹缘。尾鳍深叉形,下叶长于上叶,体被大圆鳞,鳞薄、极易脱落。头、体背面青黑色,腹部银白色,背鳍及臀鳍灰色,胸鳍及尾鳍浅黑色。

3. 烹饪运用　家庭食用以红烧、糖醋为佳,也可油煎。燕鳐鱼可晒或盐渍后制成干制品,同时也是制作罐头的好原料。

4. 营养成分　燕鳐鱼含有丰富的蛋氨酸和牛磺酸,可降低高血压的发病率。燕鳐鱼含有丰富的锌、硒、钙等矿物质及一种特殊的脂肪酸,能补气益血、缓解精神紧张、治疗痔疮。常食燕鳐鱼鱼子可以防止细胞老化、活化肌肤,有助于孕妇顺产、催乳、预防乳腺癌和心脏病。

5. 食用禁忌　皮肤病患者及对海鲜过敏者忌食。

(十一)乌鲳

乌鲳别名黑鲳、铁板鲳、乌鳞鲳等,属鲈形目、乌鲳科、乌鲳属,是海南百姓非常喜欢食用的一种海鱼。此鱼为暖水性中上层鱼类,每年夏季游向长江口近海,非常喜欢集群活动。乌鲳是海南主要的海鱼类品种之一,捕捞乌鲳一般采用刺网和围网渔具,年捕获量一般为 2 万多担,过去内销很少,多为出口,创汇相当可观。

1. 产地和产季　乌鲳分布于印度洋和太平洋西部,在我国产于南海、东海和黄海,其中东海与南海产量较高。每年 1—2 月乌鲳从外海结群向近岸密集,进行生殖洄游,生殖期为 5—7 月,盛期为 5—6 月,产卵后又分散回到较深海区。

2. 体形　乌鲳呈长菱形,高而侧扁,背腹缘显著凸出。口小、吻短微斜,上、下颌各具一行排

乌鲳

列较稀的尖细牙。体长可达 40 cm 以上,体重为 650~900 g。体被小圆鳞,呈黑褐色,侧线明显、稍呈弧形,尾柄处的侧线鳞较大,形成一隆起嵴,尾鳍深叉形。

3.烹饪运用　新鲜的乌鲳可清蒸、红烧、油煎等,也可晒干、烟熏、干烧。海南家庭食用多用清蒸,而在海南万宁的乌场港,渔民常把乌鲳晒成干制品,这种乌鲳鱼干非常受海南百姓喜爱。

4.营养成分　乌鲳含有丰富的维生素 A 和维生素 E,不饱和脂肪酸,多种矿物质如钙、锌、钾、磷、镁等,这些营养成分可以维持血管弹性,有效预防脂肪堆积在心血管内,适合冠心病、动脉硬化等人群食用。

5.食用禁忌　乌鲳属于发物,含有丰富的嘌呤成分,因此患有慢性疾病和过敏性皮肤病的人群不能食用。

（十二）银鲳

银鲳别名鲳鱼、镜鱼、扁鱼,海南俗称白鲳,北方又称平鱼,属鲈形目、鲳科鱼类,系名贵的海鱼类之一。白鲳为近海暖温性中下层鱼类,性情温和,平时喜欢在阴暗处成群,小潮时鱼群更为集中,早晨及黄昏时在中上层活动。白鲳属杂食性鱼类,爱吃水草,容易饲养,在海南养殖较多,因为它不会攻击其他鱼,所以养殖时常和其他大型鱼混养。白鲳肉质细嫩且刺少,尤其适合老年人和儿童食用,也可加工成罐头、咸鱼干、糟鱼及鲳鱼鲞等制品。

白鲳

1.产地和产季　白鲳分布于印度洋和太平洋西部,在我国产于南海、东海和黄海,其中东海与南海产量较高。主要渔场有黄海南部的吕泗渔场,可形成较大的鱼汛。渔期自南向北逐渐推迟,广东及海南岛西部渔场为 3—5 月,闽南渔场为 4—8 月。

2.体形　白鲳体形侧扁,呈卵圆形,长 20 cm 左右。头小吻圆,口、眼小,两颌各有一行细牙,食管侧囊内具有乳头状凸起,舌不能伸缩。背鳍与臀鳍同形、呈镰状,成鱼无腹鳍,尾鳍叉形、下叶长于上叶。此鱼的内脏最少,1～1.5 kg的白鲳,肠子只有100 g左右。白鲳体披细小的圆鳞,体色银白,故称银鲳。

3.烹饪运用　新鲜的白鲳可清蒸、红烧、干烧、干炸、烟熏等,在海南常见做法是清蒸和油煎。

4.营养成分　白鲳含有丰富的不饱和脂肪酸,具有降低胆固醇的作用。白鲳含有丰富的微量元素,如硒和镁,能起到预防心血管疾病的作用,同时还能延缓机体衰老,预防癌症的发生。常食用白鲳可以益气养血,尤其对消化不良、贫血、腰酸背痛等很有疗效。

5.食用禁忌　白鲳属于发物,蛋白质含量高,可能引起病情加重,也有可能引起疾病的复发,痛风患者、有慢性疾病和过敏性皮肤病的患者不宜食用。烹制白鲳时要注意不能使用动物油,也不可与羊肉同食。白鲳的鱼子有毒,不能食用,食用后会导致腹泻。

(十三)金枪鱼

金枪鱼别名鲔鱼,香港称吞拿鱼,大部分属于金枪鱼属。金枪鱼是硬骨鱼纲、鲈形目、鲭科的鱼类,它们并不是指某一种鱼,而是指一个族群。金枪鱼属中有8种金枪鱼品种,分别是长鳍金枪鱼、黄鳍金枪鱼、黑鳍金枪鱼、蓝鳍金枪鱼、大眼金枪鱼、太平洋蓝鳍金枪鱼、大西洋蓝鳍金枪鱼、青干金枪鱼。其中常见的是黄鳍金枪鱼,珍稀的是蓝鳍金枪鱼,现在蓝鳍金枪鱼已经到了濒危的状态。金枪鱼肉呈红色,这是因为金枪鱼的肌肉中含有大量肌红蛋白。金枪鱼是一种活跃而敏捷的肉食动物,该物种拥有光滑的流线型身体,是游动速度较快的远洋鱼类之一。由于人类的过度捕捞,蓝鳍金枪鱼等部分金枪鱼物种已深陷灭绝危机。

金枪鱼

1.产地和产季　金枪鱼主要分布于低中纬度海区,在太平洋、大西洋、印度洋都有广泛的分布。金枪鱼在我国东海、南海也有分布,属于热带、亚热带大洋性鱼。

2.体形　金枪鱼体形偏大、较长,粗壮而圆,呈鱼雷形。尾细长,尾鳍呈叉状或新月形。尾柄两侧有明显的棱脊,背、臀鳍后方各有一行小鳍。背侧较暗,腹侧银白,通常有彩虹般的光芒和条纹,鳞已退化为小圆鳞。

3.烹饪运用　金枪鱼在西式或日式料理中多见,新鲜的金枪鱼是做刺身的顶尖食材,金枪鱼三明治、金枪鱼石锅拌饭、金枪鱼寿司等是比较有名的金枪鱼菜品。

4.营养成分　金枪鱼含有的EPA、蛋白质、牛磺酸等均有降低胆固醇、防止动脉硬化的功效。金枪鱼油含有丰富的DHA,是优质的健脑保健产品。经常食用金枪鱼,有利于脑细胞的再生,提高记忆力,预防老年痴呆,改善视力,预防近视。

5.食用禁忌 肝硬化患者不能吃金枪鱼,因为肝硬化患者体内血小板浓度较低,很难产生凝血因子,大量食用金枪鱼容易导致出血。皮肤有炎症如患有痤疮的人群应少吃金枪鱼,痤疮的起因就是皮脂分泌过多,而金枪鱼含有大量不饱和脂肪酸,会让痤疮加重。另外,泻痢者应慎食金枪鱼,否则可能会加重胃的负担,导致病情严重。金枪鱼属于寒性食物,含汞,会影响胎儿发育,不建议孕妇食用。金枪鱼不适合搭配浓茶食用,因为会影响消化吸收,导致肠胃不适。金枪鱼不宜同啤酒一起食用,会造成痛风。

(十四)褐菖鲉

褐菖鲉别名石虎、石九公、石头鱼等,在海南海口最常见,当地俗称石狗公。褐菖鲉是鲉科、菖鲉属鱼类,为我国雷州半岛以东沿海一带常见经济型食用鱼。褐菖鲉为近海暖温性底层鱼类,喜栖息于岩礁区,为卵胎生鱼类,以鱼类、甲壳类为食。褐菖鲉肉质鲜嫩洁白,脂肪含量低,味美无小刺,营养丰富,故也称"假石斑鱼"。

褐菖鲉

1.产地和产季 褐菖鲉在中国分布于渤海、黄海、东海、南海。褐菖鲉肉质鲜美而有弹性,是高价值的经济鱼种,春、夏季分散在岩礁岸边和岛屿四周觅食,冬季游向较深海区越冬,繁殖季在每年的12月至翌年5月。

2.体形 褐菖鲉体长一般为15～20 cm,最大可达30 cm,重500 g左右。头部背面具棱棘,眼间隔凹深,较窄,为眼睛的一半。眼眶骨下缘无棘,眶前骨下缘有一钝棘。上下颌、犁骨及腭骨均有细齿带。背鳍鳍棘12根,胸鳍鳍条常为18根,体侧有5条暗色不规则横纹。

3.烹饪运用 褐菖鲉常见的做法是红烧、清蒸、炖汤,虎头鱼豆腐汤最为出名。

4.营养成分 褐菖鲉的蛋白质含量为猪肉的2倍,且属于优质蛋白质,人体吸收率高,有87%～98%会被人体吸收。褐菖鲉富含维生素B1、核黄素、烟酸、维生素D和一定量的钙、磷、铁等矿物质。鱼肉中脂肪含量虽低,但其中的脂肪酸被证实有降糖、护心和防癌作用。鱼肉中的维生素D、钙、磷等能有效地预防骨质疏松症。

5.食用禁忌 褐菖鲉性温,内热偏盛、阴虚火旺者应避免食用,以免加重内热症状。过敏性体质的人群也要慎食。

(十五)鲨鱼

鲨鱼别名鲛、鲛鲨、沙鱼等,属于脊椎动物门、软骨鱼纲、板鳃亚纲,它们的存在比恐龙还要早得多,生存于地球上已经超过五亿年,鲨鱼是海洋中游速较快的大中型鱼类。鲨鱼是凶猛性的肉食性鱼类,生活在海洋的中上层水域,有时会到浅海边活动。鲨鱼的种类也较多,其中包含数个目,目下面又有许多纲。从目前的情况来看,中国南海海域分布着软骨鱼纲的 8 个目、17 个科、93 种鲨鱼。海南近海海域发现的鲨鱼主要是斑纹鲨、狭纹虎鲨、豹纹鲨、灰星鲨、路氏双吉鲨、鲸鲨、姥鲨等。鲨鱼的鳍干制后称鱼翅,在我国是珍稀名贵的食材;皮可制革,肝可制鱼肝油。

鲨鱼

1. 产地和产季　全世界的鲨鱼共有 350 种之多,生活在我国海洋里的鲨鱼有多种。它们的分布很广,包括热带、亚热带、温带和寒带水域,在我国主要分布在黄海、东海、南海。现在国内市场上出售的多是专供食用的养殖鲨。

2. 体形　鲨鱼身体呈纺锤状,头两侧有鳃裂,但类似普通鱼。典型的鲨鱼皮肤坚硬,呈暗灰色,牙齿状鳞片使皮肤显得粗糙。尾部强壮有力,不对称,上翘。鳍呈尖状,吻尖前突,吻下有新月形嘴及三角形尖牙。鲨鱼无鳔,不游泳时沉到海底。鲨鱼的体形不一,身长小至 20 cm,大至 18 m。鲸鲨是海中最大的鲨鱼,最小的鲨鱼是侏儒角鲨,小到可以放在手掌中。

3. 烹饪运用　现在食用的鲨鱼不是野生珍稀品种,多数为人工养殖的小鲨鱼。烹制鲨鱼前先要褪沙,可用开水烫,或去皮取肉。鲨鱼肉质粗糙、有韧性,腥味较重,通常要用葱、姜、酒、醋等去除腥味,适合焖烧、红烧。海南琼海的虎头鲨鱼煲、东方酸瓜炒鲨鱼等,都是海南本土较出名的鲨鱼菜肴。鲨鱼的鱼翅、鱼唇也是上好的烹饪食材,鱼翅做菜柔嫩爽滑,鱼唇肥润软糯,深受食客的欢迎。鲨鱼软骨组织有独特的抗癌功效,香港和广州两地非常流行食用,菜肴鲨鱼软骨老火汤便是用鲨鱼的软骨为原料制作而成。

4. 营养成分　鲨鱼肉含蛋白质、维生素 A、维生素 B12、维生素 E 等,还含烟酸、维生素 B1 和多种氨基酸,矿物质钙、铁、磷、镁、锌、铜等。此外,鲨鱼肉中含有较多的尿素和氧化三甲胺等,皮及鳍含叶黄素、玉米黄质、β-胡萝卜素、隐黄质等。鲨鱼肉有养血补阴、补虚壮腰、行水止咳化痰的功效,能用来治疗风湿性关节炎、干癣、红斑狼疮等。此外,鲨鱼肝是提取鱼肝油的主要原料,鱼肝油能增强体质、助发育、健脑益智及帮助钙、磷吸收,增强机体对传染病的抵抗力,可用于婴幼儿及儿童成长期补充维生素 A、维生素 D 及 DHA,还可以预防眼干燥症、夜盲症和佝偻病。

5. 食用禁忌　鱼翅中汞含量比较高,不适合孕妇食用。孕妇若摄入过多,不仅可导致流产、死胎,还会影响胎儿大脑和神经细胞的生长。鲨鱼肉中含有大量嘌呤类物质,会引发和加重痛风,痛风患者不宜食用。生吃鲨鱼易感染寄生虫。

二、常见淡水鱼品种

(一)青鱼

青鱼别名黑鲩、螺蛳青、青鲩等,属鲤科、青鱼属鱼类。青鱼为我国著名的四大家鱼之一,多栖息于江河及与江河相通的湖泊或水库中,喜栖息于水的中下层,为底层鱼类,尤其酷爱吃带有坚硬外壳的水生生物,如螺蛳、蚌、蚬等。青鱼在河流上游产卵,可人工繁殖,个体大,生长迅速,最大个体达 70 kg。它是我国水产养殖业中的主要品种,在湖泊、水库、池塘等都可以进行养殖,而且具有生长快、适应性强、周期短等养殖特点,为中国主要淡水鱼类养殖对象。青鱼肉质紧实、味鲜美,但鱼胆有毒,在四大家鱼中肉质最佳。

青鱼

1. 产地和产季　青鱼分布于中国各大水系,主产于长江、珠江水系,现在全国各地均有养殖。此鱼多集中在食物丰富的江河弯道和沿江湖泊中摄食,每年的秋、冬两季为青鱼的捕捞旺季。

2. 体形　青鱼呈圆筒形,体长可达 1 m 以上。体呈青黑色,鳍灰黑色,头宽平,吻钝,鳞大、圆形,无须,腹部平圆,无腹棱,尾部稍侧扁。上颌骨后端伸达眼前缘下方,眼间隔约为眼径的 3.5 倍。鳃耙 15～21 个,短小,乳突状。下咽齿 1 行,左、右一般不对称,齿面宽大,臼状。

3. 烹饪运用　青鱼个大肉厚,刺大而少,多脂味美。青鱼可红烧、干烧、清炖、糖醋或切段熏制,也可加工成条、片、块制作各种干制品。

4. 营养成分　青鱼中除含有丰富的蛋白质、脂肪外,还含丰富的硒、碘等微量元素,故有抗衰老、抗癌作用。青鱼体内还含有 EPA 与 DHA,EPA 具有扩张血管、防止血液凝固等作用。青鱼中富含核酸,核酸是人体细胞所必需的物质,可延缓衰老、辅助疾病的治疗。

5. 食用禁忌　脾胃蕴热者不宜食用,瘙痒性皮肤病、内热、荨麻疹、癣病者应忌食。

(二)草鱼

草鱼别名鲩鱼、草鲩、鲩鱼等,是鲤科、草鱼属鱼类。草鱼是典型的草食性鱼类,喜欢生活在水的中下层和近岸多水草区域,生性活泼,游动速度很快,常成群觅食。草鱼是大型鱼类,生殖季节有溯游习性,因其生长迅速、饲料来源广,是中国淡水养殖的四大家鱼之一。

1. 产地和产季　草鱼分布于中国各大水系,主产于长江以南平原地区。草鱼多集中在食物丰富的江河弯道和沿江湖泊中摄食,夏季南方的汛期是捕捞草鱼的最佳季节。

草鱼

2. 体形　草鱼呈长形,吻略钝,下咽齿 2 行,呈梳状。背鳍无硬刺,外缘平直,位于腹鳍的上方,起点至尾鳍基的距离较至吻端为近。鳃耙短小,数少。体呈茶黄色,腹部灰白色,体侧鳞片边缘灰黑色,胸鳍、腹鳍灰黄色,其他鳍浅色。

3. 烹饪运用　草鱼肉白嫩,骨刺少,适合切花刀,如著名造型菜肴菊花鱼。草鱼炖豆腐可以催乳,具有补中调胃、利水消肿的功效。草鱼对心肌及儿童骨骼生长有特殊作用,可作为冠心病、高脂血症、小儿发育不良、水肿、肺结核、产后乳少等人群的食疗菜肴。

4. 营养成分　草鱼中含有硒元素,可以抗衰老、抗氧化,可淡化妊娠纹、改善肤质。草鱼可以开胃祛风,能改善产后食欲不振。草鱼富含优质蛋白质和不饱和脂肪酸,可以促进婴儿的骨骼增长、智力发育,还可以预防心血管疾病。

5. 食用禁忌　出血性疾病患者不宜多吃,因为鱼肉中含有的 EPA 可抑制血小板凝集,会加重出血症状。痛风患者不宜吃草鱼,否则可使病情加重,或导致旧病复发。肝硬化患者、过敏体质者应禁食草鱼。患痔疮的患者吃草鱼会导致血液循环加快,痔疮加重。草鱼属于凉性食物,烹调时可加辛辣佐料,月经期间女性不宜食用,容易对子宫造成刺激,导致痛经。

草鱼不要和驴肉、番茄、甘草、荆芥等一起吃。与驴肉一起吃可能会诱发心脑血管疾病,与番茄一起吃会造成铜元素破坏、分离散乱,与甘草、荆芥一起吃会降低草鱼的营养价值。

(三)鲢鱼

鲢鱼别名白鲢、水鲢、胖子等,属鲤形目、鲤科。鲢鱼也是我国著名的四大家鱼之一,在我国是主要的淡水养殖鱼类。其主要滤食浮游植物,肉质柔软细嫩,口味鲜美。鲢鱼性情活泼,喜欢跳跃。在海南松涛水库生长着大鳞白鲢,简称大鳞鲢,俗称松涛鳙鱼,是一种独特的淡水大型经济鱼类。较之其他鲢鱼,松涛鳙鱼具有脂肪含量高、生长快、肥满度高、躯干部分大等优良经济性状。鲢鱼体呈银白色,背部色稍暗,偶鳍呈白色。在天然的江湖中,鲢鱼栖息于水的中上层,在长江,最大个体可达 35 kg,是重要的大型经济鱼类。

1. 产地和产季　鲢鱼在我国分布于全国的各大水系,自南到北都能生长。春、夏、秋三季的绝大多数时间,鲢鱼在水域的中上层游动觅食,冬季则潜至深水越冬。四季均产,以冬季产的最好。

2. 体形　鲢鱼体形侧扁、稍高,呈纺锤形,背部青灰色,两侧及腹部银白色。头较大,眼睛位置很低,鳞片细小。腹部正中角质棱自胸鳍下方直延达肛门,胸鳍不超过腹鳍基部,各鳍色灰白。

鲢鱼

3. 烹饪运用 鲢鱼适合烧、炖、清蒸、油浸等烹调方法,尤以清蒸、油浸较能体现出鲢鱼清淡、鲜香的特点。

4. 营养成分 鲢鱼的蛋白质、氨基酸含量很丰富,对促进智力发育、降低胆固醇、降低血液黏度和预防心脑血管疾病具有明显的作用。鲢鱼体内含有可抑制癌细胞扩散的成分,长期食用鲢鱼对预防癌症有一定帮助。

5. 食用禁忌 鲢鱼不宜食用过多,容易引发疮疥。瘙痒性皮肤病、荨麻疹、癣病等患者不宜食用。鲢鱼的鱼胆有毒,不能食用。

(四)鳙鱼

鳙鱼别名花鲢、胖头鱼、包头鱼等,海南俗称大头鱼,属鲤形目、鲤科。鳙鱼有"水中清道夫"的雅称,是中国四大家鱼之一。

鳙鱼

1. 产地和产季 鳙鱼分布于亚洲东部,是我国特有淡水鱼品种,从南方到北方几乎所有淡水流域都有它的踪迹。以冬季所产的鳙鱼最为肥美。

2. 体形 鳙鱼的体形比较扁平且较高,鱼头很大,约占体长的 1/3,头长大于身体高度,吻短且较圆钝。口比较大且稍向上倾斜,下颌部分凸出,上唇中间部分比较厚。鳙鱼没有鱼须,鳞片细小,眼睛比较小,且位于头前部中轴的下方,鼻孔靠近眼缘的上面,下咽齿比较平滑。鱼腹在腹鳍基部的前面比较圆,但后面至肛门处有较狭窄的腹棱。鳙鱼的鳃耙数目很多,而且呈页状,排列紧密但不连合。鳙鱼的侧线完全,而且在胸鳍末端的上方向腹侧弯曲,一直延伸至尾柄正中。体侧上半部灰黑色,腹部灰白色,两侧夹杂有许多浅黄色及黑色的不规则小斑点。

3. 烹饪运用 鳙鱼适合烧、炖、清蒸、油浸等烹调方法,尤以清蒸、油浸较能体现出其清淡、鲜香的特点。鳙鱼头大且含脂肪、胶质较多,用此鱼可烹制砂锅鱼头。川湘著名的菜肴剁椒鱼头用的也是此鱼的鱼头,杭州名菜胖头鱼头烧豆腐也闻名全国。烹调或食用鳙鱼时,若发现鱼头有异味就不可食用。烹制鱼头时,一定要将其煮熟、煮透,方可食用,以确保食用安全。鳙鱼的鱼胆有毒,对鳙鱼进行初加工时必须去除,并注意不能弄破鱼胆。

4.营养成分 鳙鱼含丰富的蛋白质和人体必需的多种氨基酸,儿童常吃可促进机体发育。鳙鱼鱼头是众多鱼头中的上品,它的鱼头中含有丰富的多不饱和脂肪酸,这些多不饱和脂肪酸是人体必需的营养成分,可增进大脑细胞活跃,对改善老年痴呆症和促进儿童大脑智力发育极为有益。鳙鱼还含有维生素 B2、维生素 C、钙、磷、铁等营养成分,对心血管系统有保护作用,还可延缓衰老、润泽皮肤。

5.食用禁忌 鳙鱼性偏温,长期食用可致疥疮,热病及有内热者不可食用。痛风、皮肤病患者慎用。

(五)鳜鱼

鳜鱼

鳜鱼别名桂花鱼、石花鱼、淡水石斑鱼等,属鲈形目、鮨科。鳜鱼是淡水定居性鱼类,尤其喜欢生活在水草繁茂的湖泊、河川溪涧。鳜鱼为典型的肉食性猛鱼类,尤其喜食泥鳅。鳜鱼以肉质细嫩丰满、肥厚鲜美、内部无胆、少刺而著称,故为鱼种之上品。明代医学家李时珍将鳜鱼誉为"水豚",意指其味鲜美如河豚。鳜鱼是优良的淡水养殖品种,为我国主要淡水经济鱼类之一,也是淡水鱼中总产量最高的一种。

1.产地和产季 在我国,鳜鱼集中分布在长江以南,在海南主要分布在北侧的南渡江。鳜鱼因生长速度快、个体大,而且形体、肉质好,经济价值高,适合人工养殖,现全国各地都有养殖。全年均有生产,以春、秋两季产量较高。

2.体形 鳜鱼体偏高而侧扁,背部隆起,且背鳍硬而发达,刺含毒素。头尖,嘴大,眼大,头大,口裂斜,上颌骨延伸至眼后缘,下颌骨稍凸出,上、下颌前部的小齿扩大呈犬齿状,眼上侧位,前鳃盖骨后缘具 4~5 根棘,鳃盖骨后部有 2 根扁平的棘。圆鳞细小,背鳍长,前部为棘,后部为分支软条。身体呈黄绿色,腹部黄白色,背果绿色带金属光泽,体两侧有大小不规则的褐色条纹和斑块。

3.烹饪运用 鳜鱼红烧、清蒸、炸、炖、熘均可,也是西餐常用鱼之一。用鳜鱼制菜一般以清蒸或红烧为主,如糖醋口味的松鼠鳜鱼是苏州地区的传统名菜,在江南各地一直将其列作宴席上的上品佳肴。徽州臭鳜鱼是一道徽州名菜,俗称"腌鲜鱼",所谓"腌鲜",在徽州土话中就是臭的意思,此菜别有风味。

4.营养成分 鳜鱼含有丰富的蛋白质、脂肪,还含有维生素 B1、维生素 B2,并且富含各种矿物质,如钙、钾、镁、硒等。鳜鱼肉质鲜美,特别容易消化,适合儿童、老年人及体弱者食用。鳜鱼对癌症还有一定的防治作用,对预防胃癌有很好的作用,还可以促进血液循环。

5.食用禁忌 有哮喘、咯血的患者不宜食用,寒湿盛者不宜食用。

（六）鲫鱼

鲫鱼别名鲋鱼、喜头、鲫瓜子等。鲫鱼属鲤形目、鲤科、鲫属，为我国重要食用鱼类之一。鲫鱼适应性强，在各种淡水水域中都能生活，尤喜栖居在水草丛生的浅水区以及水体的底层，属于杂食性鱼类。

鲫鱼

1. 产地和产季　我国除西部高原地区外，各地水域常年均有生产，以2—4月和8—12月的鲫鱼较肥美。

2. 体形　鲫鱼体侧扁而高，体较小，背厚而高，背部发暗，腹部色浅，多呈黑色带金属光泽。头短小，吻圆钝，嘴上无须，背鳍后缘平直或微内凹，最后1根鳍棘较硬，其后缘锯齿较粗而稀，鳞大，侧线鳞28～34枚，鳍的形状同鲤鱼。

3. 烹饪运用　鲫鱼肉嫩味鲜，红烧、干烧、清蒸、氽汤均可，可做粥、做汤、做菜、做小吃等。鲫鱼刺小细密，尤其适合做汤。鲫鱼与豆腐搭配炖汤营养最佳，既可以补虚，又有通乳催奶的作用，民间常给产后妇女炖鲫鱼汤喝。

4. 营养成分　鲫鱼含有大量钙、磷、铁等矿物质。鲫鱼药用价值极高，其味甘，性平、温，入胃、肾经，具有和中补虚、除湿利水、温胃、补中益气之功效，尤其是活鲫鱼氽汤在通乳方面有其他药物不可比拟的作用。

5. 食用禁忌　感冒发热期间不宜多吃鲫鱼，鲫鱼不宜与大蒜、砂糖、芥菜、沙参、蜂蜜、猪肝、鸡肉等以及中药麦冬、厚朴一同食用，吃鱼前后忌喝茶。

（七）鲤鱼

鲤鱼别名鲤子、毛子、红鱼等，属于鲤科、鲤属。野生鲤鱼与人工培育的品种在此统称鲤鱼。鲤鱼适应性强，生长快，是淡水养殖鱼类中常见的优良品种之一。鲤鱼为水体底层鱼类，很少到水的上层活动，对环境的适应性很强，是典型的杂食性鱼类，偏肉食性。鲤鱼因鱼鳞上有十字形纹理而得名，体态肥壮，肉多刺少，肉质细嫩。按生长水域的不同，鲤鱼可分为河鲤鱼、江鲤鱼、池鲤鱼。河鲤鱼体色金黄，有金属光泽，胸、尾鳍带红色，肉脆嫩、味鲜美，质量最好；江鲤鱼鳞内皆为白色，体肥，尾秃，肉略有酸味；池鲤鱼鳞青黑，刺硬，泥土味较浓，但肉质较为细嫩。海南琼海的万泉鲤以肥嫩著称，味道鲜美可口，同嘉积鸭一样，享有盛名。产于琼海万泉河中的鲤鱼有溪鲤、镜鲤、倩鲤和凤尾鲤，其中凤尾鲤身及尾鳍较长，呈橘红色，鳞色鲜艳；倩鲤生长在万泉河出海口的半咸淡水中,最为鲜美。

鲤鱼

1.产地和产季　鲤鱼产于我国各地淡水河、湖、池塘。一年四季均产,但以 2—3 月产的最肥。

2.体形　鲤鱼体呈纺锤形,稍侧扁,背部略凸,腹面较扁平,背鳍、臀鳍都有硬刺,刺的后缘有锯齿,吻圆钝、能伸缩,口前位须 2 对,下咽齿 3 行,臼齿状。体色多青黄,也有红色和黑褐色的品种。

3.烹饪运用　鲤鱼通常的吃法有甜酸鲤鱼、清蒸鲤鱼、姜炖鲤鱼,也可将新鲜的鱼肉切片用于涮火锅。

4.营养成分　鲤鱼的蛋白质不但含量高,而且质量好,人体消化率可达 96%。鲤鱼富含人体必需的氨基酸、矿物质、维生素 A 和维生素 D。鲤鱼的脂肪多为不饱和脂肪酸(如 EPA 和 DHA),是人体必需的脂肪酸。鲤鱼的钾含量较高,可防治低钾血症,增高肌肉强度,与中医的"脾主肌肉、四肢"的健脾作用一致。

5.食用禁忌　患有淋巴结核、支气管哮喘、恶性肿瘤、荨麻疹、皮肤湿疹等疾病者要忌食鲤鱼。由于鲤鱼是发物,上火烦躁及疮疡者也要慎食。另外,鲤鱼忌与绿豆、芋头、甘草、南瓜、荆芥、赤豆、鸡肉、猪肝、狗肉、牛肉、羊肉同食。

(八)乌鱼

乌鱼别名黑鱼、生鱼、鳢鱼等,属鲈形目、鳢科。目前作为养殖对象的是乌鳢和斑鳢,海南主要养殖的为斑鳢。乌鱼性凶猛,爱子如命,对其卵与幼鱼十分爱护。乌鱼的生命力很强,在淡水鱼类中居首位。乌鱼栖息于淡水底层,幼鱼以小鱼、小虾、水生昆虫为食,待长到 8 cm 以上则捕食其他鱼类,故为淡水养殖业的害鱼之一。乌鱼常作为外科创伤的食疗补品,助伤口快速愈合,效果奇好。

1.产地和产季　乌鱼产于我国各地湖泊、江河、水库、池塘等水域内。一年四季均产,冬季产量较小。

2.体形　乌鱼身体前部呈圆筒形,长可达 50 cm 以上,后部侧扁。头长,前部略扁平,后部稍隆起。口大,吻短、圆钝,口裂稍斜,并伸向眼后下缘,下颌稍凸出。牙细小,带状排列于上、下颌,下颌两侧齿坚利。眼小,上侧位,居于头的前半部,距吻端颇近。鼻孔 2 对,前鼻孔位于吻端、呈管状,后鼻孔位于眼前上方,为一小圆孔。鳃裂大,左、右鳃膜愈合,不与颊部相连;鳃耙粗短,排

乌鱼

列稀疏,鳃腔上方左、右各具一有辅助功能的鳃上器。

体色灰黑,体背和头顶色较暗黑,腹部淡白色,体侧有不规则黑色斑块,头侧有 2 行黑色斑纹。奇鳍上有黑白相间的斑点,偶鳍为灰黄色,间有不规则斑点。全身披有中等大小的圆鳞,头顶部覆盖有不规则鳞片。侧线平直,在肛门上方有一小曲折,向下移 2 行鳞片,行于体侧中部,后延至尾部。

3. 烹饪运用 乌鱼可清炖、煮、红烧、爆炒等。乌鱼出肉率高、肉厚色白,无肌间刺,味鲜,通常用来做鱼片。乌鱼适合身体虚弱、脾胃气虚、营养不良、贫血之人食用,民间常将乌鱼汤作为手术患者康复的重要食物。冬瓜乌鱼羹、乌鱼汤、苍耳煮乌鱼等都是非常好的食疗菜肴。

4. 营养成分 乌鱼肉中含蛋白质、脂肪、18 种氨基酸等,还含有人体必需的钙、磷、铁及多种维生素。两广一带民间常视乌鱼为珍贵补品,用于催乳、补血。乌鱼有祛风治疳、补脾益气、利水消肿之效,因此三北地区常有产妇、风湿病患者、小儿疳病者觅乌鱼食用。常吃乌鱼,还可以增强机体抵抗力。

5. 食用禁忌 肠胃功能虚弱、消化不良的人应慎吃。乌鱼不能与牛奶同食,乌鱼属高蛋白质食物,且属于寒性食物,与牛奶同食,会导致体内蛋白质摄入过多,出现腹泻症状。乌鱼不能与茄子同食,乌鱼和茄子都属于寒性食物,如果两者一起吃,会损伤脾胃,导致消化不良。

(九)泥鳅

泥鳅别名鳅、土溜、长鱼等,为小型鱼类,属鳅科、泥鳅属。泥鳅常生活在水田、池塘、沟渠的静水底层淤泥中,喜食浮游生物、小型甲壳类等,也食植物碎屑、藻类等。泥鳅是常见的水产类大众食品,肉质细嫩,味道鲜美,营养丰富,素有"水中人参"之美誉,并具有药用价值。

泥鳅

1. 产地和产季 在中国除青藏高原外,全国各地河川、沟渠、水田、池塘、湖泊及水库等天然

Note

淡水水域中均有分布。全年均有产,以夏季最多。

2. 体形　泥鳅体呈圆筒形,后部侧扁,腹部圆,身短,没有鳞,颜色青黑,浑身沾满了自身的黏液。头尖,口亚下位,呈马蹄形。须 5 对,口须最长,眼小。雄性泥鳅的胸鳍尖长,背鳍两侧有小肉瘤;雌性泥鳅胸鳍短而圆,呈扇形。体背部及两侧为灰黑色,全体有许多小的黑色斑点,头部和各鳍上亦有许多黑色斑点,背鳍和尾鳍膜上的斑点排列成行,尾柄基部有一明显的黑斑,其他各鳍为灰白色。

3. 烹饪运用　红烧泥鳅、泥鳅豆腐煲、生姜泥鳅汤都是泥鳅较为家常的烹调方法。

4. 营养成分　泥鳅含有优质蛋白质、钙、磷、维生素等多种成分,可满足人体生长发育的需求。泥鳅所含的脂肪和胆固醇很少,可以延缓血管衰老,保证血液的流通顺畅,能够在很大程度上防治心脑血管疾病。泥鳅的作用是补益脾肾、利水、解毒,身体虚弱以及亚健康、周身乏力者都可以食用。对于男性,泥鳅可以壮阳,其含有大量赖氨酸,可以增强精子的质量和数量。泥鳅可以醒酒,且可以保护肝脏,同时,泥鳅可以改善贫血,预防动脉粥样硬化。泥鳅作为药品在临床中非常常见,以补益肾阳作用为最好。

5. 食用禁忌　泥鳅不能和黄瓜一起食用,因为同食容易消化不良。泥鳅也不宜与螃蟹一起吃,因为泥鳅是温补食物,而螃蟹是寒性食物,容易影响营养吸收。泥鳅搭配茼蒿一起食用会影响消化吸收,对健康不利。泥鳅搭配狗肉一起食用会导致阴虚火盛。

(十) 黄鳝

黄鳝别名鳝鱼、长鱼、海蛇等,属合鳃鱼目、合鳃鱼科、黄鳝亚科、黄鳝属。黄鳝为我国特产经济鱼类,其肉细嫩、味鲜美、刺少肉厚,营养丰富,有药用价值。黄鳝为热带及暖温带鱼类,营底栖生活,适应性强,在河道、湖泊、沟渠及稻田中都能生存。黄鳝日间喜欢在腐烂淤泥中钻洞或在堤岸有水的石隙中穴居。

黄鳝

1. 产地和产季　黄鳝广泛分布于亚洲东南部,除西北高原外,我国各地均产。黄鳝栖息在池塘、小河、稻田等处,常潜伏在泥洞或石缝中。

2. 体形　鳝鱼体形似蛇,圆筒状,体前部圆、后部侧扁,尾尖细,头长而圆。口大,端位,上颌稍凸出,唇颇发达。上、下颌及口盖骨上都有细齿。眼小,被一薄皮覆盖。左、右鳃孔于腹面合而为一,呈"V"形。鳃膜连于鳃峡。体表有一层光滑的黏膜,无鳞,呈黄褐色、微黄色或橙黄色,也有少许黄鳝呈白色。体侧有不规则的暗黑色斑点,全身只有 1 根三棱刺。无胸鳍和腹鳍,背鳍和臀鳍退化,仅留皮褶,无软刺,都与尾鳍相连合。

3.烹饪运用 黄鳝的烹调方法多种多样,炒、爆、焖、炖、煮均可。各地都有各自独特的烹调技巧和菜肴风味,其中以淮扬、无锡、上海的几种风味较具特色。生炒鳝片,色泽金黄,味香而脆,此菜为淮扬风味;红烧鳝段,肉质酥烂,色泽黄亮,油润味香,此菜为浙江风味;清炒鳝丝,此菜为上海风味,具有滑嫩油亮、香辣鲜甜适口的特点。

4.营养成分 黄鳝富含 DHA 和卵磷脂,后者是构成人体各器官组织细胞膜的主要成分,也是脑细胞不可缺少的营养成分。黄鳝含降低血糖和调节血糖的鳝鱼素,且所含脂肪极少,是糖尿病患者的理想食品。黄鳝含丰富的维生素 A,能改善视力,促进皮肤的新陈代谢。

5.食用禁忌 患有甲状腺功能亢进症、高血压、脑卒中后遗症、活动性肺结核以及急性炎症的人群禁忌食用,以免加重病情。黄鳝生热动风,所以患有瘙痒性皮肤病的人群不宜食用,以免加重瘙痒的症状。另外,虚热性疾病、热证初愈、痢疾、腹胀的人群也禁忌食用。黄鳝不要和山楂、柿子、葡萄、菠菜、狗肉等一起食用,以免对人体健康带来不利的影响。黄鳝必须是鲜活的才能食用,死黄鳝千万不可食用,这是因为黄鳝蛋白质中含有很多组氨酸,黄鳝一旦死亡,蛋白质就会分解,细菌乘虚而入,组氨酸很快就会转化为一种有毒物质——组胺,人吃了之后会中毒。

(十一)黄颡鱼

黄颡鱼别名黄骨鱼、嘎鱼、黄辣丁等,属鲿科、黄颡鱼属。黄颡鱼为水体中下层鱼类,杂食性。天然条件下,其以底栖生物、水生昆虫、浮游动物及大型藻类等为食,为常见的食用鱼。黄颡鱼肉质细嫩、味道鲜美、刺小、多脂,属小型淡水名特优水产养殖品种。

黄颡鱼

1.产地和产季 黄颡鱼分布广,全国各主要水系的江河、湖泊、水库、池塘等均有分布。7—9月是最佳捕捞季节。

2.体形 黄颡鱼体长约 20 cm,腹面平直,体后半部侧扁,尾柄较细长。头大且扁平,吻短、圆钝,上、下颌略等长,口大、下位,两颌骨及腭骨上有绒毛状齿带。眼小、侧位。须 4 对,鼻须末端可伸至眼后;上颌须 1 对,最长;颐须 2 对,较上颌须短。体裸露无鳞,侧线完全。腹下黄,背上青黄,大多有不规则褐色斑纹。

3.烹饪运用 黄颡鱼常用的烹调方法多为清炖、红烧、干锅等,以炖汤为最受大众欢迎的制作方法。黄骨鱼炖豆腐一般有美容养颜、增强抵抗力等功效。

4.营养成分 黄颡鱼肉含有叶酸、维生素 B2、维生素 B12 等维生素。其有滋补健胃、利水消肿、通乳、清热解毒、止嗽下气的功效,对各种水肿、腹胀、少尿、黄疸、乳汁不通皆有效。黄颡鱼蛋白质含量高,钙、磷含量居江河鱼类之冠,有益体强身之功效。

5. 食用禁忌　因黄颡鱼为发物,支气管哮喘、淋巴结核、癌症、红斑狼疮以及顽固瘙痒性皮肤病患者忌食或谨慎食用。

(十二)花鳗鲡

花鳗鲡别名大鳗、鳝王、雪鳗等,属鳗鲡目、鳗鲡科。花鳗鲡是国家二级重点保护野生动物,它是国家对海南淡水鱼类唯一重点保护的一种,在海南主要生存在昌化江。花鳗鲡为典型降河洄游鱼类之一,白昼隐伏于洞穴及石隙中,夜间外出捕食鱼、虾、蟹、蛙及其他小动物。它是鳗鲡类中体形较大的一种,体长一般为 331～615 mm,体重 250 g 左右,但最重的可达 30 kg 以上。

花鳗鲡

1. 产地和产季　花鳗鲡主要分布在我国长江以南至广东,海南岛各江河水系,栖息于河口、山涧、溪谷和水库石隙洞穴中,4—5 月及 9—10 月为盛产期。

2. 体形　花鳗鲡身体延长成棒状,腹鳍以前的躯体呈圆筒形,后部稍侧扁。头圆锥形,较背鳍、臀鳍始点间距短。吻扁平,口角超过眼后缘,下颌稍凸出,中央无齿,两颌前端细齿丛状,侧齿成行,唇褶宽厚。鳃孔小,鳞细小,排列成席纹形鳞群,鳞群互相垂直交叉,隐埋于皮下。体表极为光滑,有丰富的黏液。背鳍、臀鳍均低而延长,并与尾鳍相连。胸鳍较短,近圆形,紧贴于鳃孔之后,没有腹鳍。身体背部呈灰褐色,侧面呈灰黄色,腹面呈灰白色,胸鳍的边缘呈黄色,全身及各鳍上均有不规则的灰黑色或蓝绿色块状斑点。

3. 烹饪运用　红烧花鳗鲡、清蒸花鳗鲡、花鳗鲡饭都是较为家常的花鳗鲡制作方法。花鳗鲡的肉、骨、血、鳔等均可入药。浙江、福建民间用花鳗鲡头同川芎一起炖制,连汤一同食用,可以治疗头晕、头痛。花鳗鲡汤作为滋补食品,对产妇、体虚者有良效。

4. 营养成分　花鳗鲡富含维生素和磷脂,可为脑细胞提供不可缺少的营养成分。花鳗鲡还含有 DHA 及 EPA,对于预防心血管疾病有重要作用。此外,花鳗鲡还含有大量钙,经常食用能使血钙值有所增高,使身体强壮。花鳗鲡富含胶原蛋白,被称为"可吃的化妆品"。花鳗鲡的肝脏含有丰富的维生素 A,是夜盲症患者的优良食品。

5. 食用禁忌　花鳗鲡为发物,患有慢性疾病和对水产品过敏的人群应忌食。病后脾肾虚弱、咳嗽痰多及脾虚泄泻者,忌食花鳗鲡。

三、鱼类制品

（一）鱼类制品的概念

鱼类制品是指使用鱼肉或鱼身体上的某个器官,采用不同的加工方法制作而成的产品,如鱼翅、鱼肚、鱼唇、咸鱼、鱼子酱等。

（二）鱼类制品的共性

除咸鱼、鱼子酱等制品外,鱼类制品都有以下共同特点。

(1)大多本味不显,烹制时应以高汤入味或与鲜美原料合烹。

(2)由于多为干制品,应用前需先涨发,所以烹制工艺较其他原料复杂。

(3)常用炖、蒸、烧、烩、煨等方法成菜。

（三）鱼类制品加工方法

根据鱼的种类和产品的要求,鱼类制品大致可分为生干品、煮干品、盐干品和调味干制品四大类。

1. 生干品　原料不经盐渍、调味或煮熟处理而直接干燥的制品。生干品的主要优点是原料组成、结构性质变化较少,复水性好,水溶性营养成分流失少,基本保持原有品种的良好风味,并有较好的色泽。如鱼皮、鱼肚、鱼唇、鱼骨。

2. 煮干品　以新鲜原料经煮熟后进行干燥而成的制品,在南方干制加工中占有重要的地位。煮干品具有较好的味道和色泽,食用方便,能储藏较长时间。主要适用于体小、肉厚、水分多、扩散蒸发慢、容易变质的小型鱼、虾、贝类等。主要制品有鳀鲲鱼干、虾皮、牡蛎干、淡菜、干贝、鲍鱼干等。

3. 盐干品　经过盐渍后干燥而成的制品。一般用于不宜制成生干品或煮干品的大、中型鱼类的加工和来不及制成煮干品的小杂鱼的加工。优点是加工操作比较简便,适合在高温和阴雨季节加工,制品的储藏期限较长。盐干品有两种制品,一种是盐渍后直接进行晒干的鱼制品,另一种是盐渍后经漂淡再行干燥的制品。

4. 调味干制品　原料经调味品拌或浸渍后干燥的制品,也可以先将原料干燥至半干后浸调味品再干燥。调味干制品有一定的储藏性能,大部分产品可直接使用、携带方便,是一种价廉、物美、营养丰富的产品。鱼干就是鱼经过调味和干燥制成的产品。

（四）常见鱼类制品

1. 鱼翅　鱼翅是用鲨鱼或鳐鱼等大中型鱼类的鳍干制而成的产品。鱼翅是海味八珍之一,与燕窝、海参和鲍鱼合称为中国四大美味。它由大中型鱼类的胸、腹、尾等处的鳍干制而成,从现代营养学的角度来看,鱼翅并不含有任何人体容易缺乏或高价值的营养成分,所以吃鱼翅在中国是一种特有的文化现象。

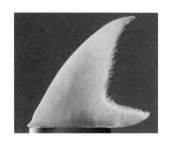

鱼翅

鱼肚

2. 鱼肚　鱼肚营养价值很高,含有丰富的蛋白质和脂肪,可用于辅助治疗肿痛、皮肤皲裂、恶性肿瘤、腰酸背痛、胃病、肺结核等。鱼肚有鮸鱼肚、黄唇鱼肚、黄鱼肚、鳗鱼肚等。鱼肚一般不剖开,也称桶胶或筒胶。

(1)鮸鱼肚:鮸鱼肚形状为酒瓶形,尾部有刺,干品色黄,纹路为横纹。每年8—10月的鮸鱼肚最好,油少胶厚。

(2)黄唇鱼肚:黄唇鱼的鳔加工而成,淡黄色或金黄色,有光泽,整肚长约26 cm、宽约19 cm,是鱼肚中的上品。

(3)黄鱼肚:产于广东湛江、浙江、福建等地,由野生大黄鱼的鳔加工制成,又称黄鱼胶。单片黄鱼肚色白略黄,光滑,半透明,较薄,形体不大。近年野生大黄鱼几近绝迹,黄鱼肚的价格越来越高。

(4)鳗鱼肚:主产于东海和南海部分海区,用海鳗的鳔加工制成。鳗鱼肚呈长圆形,细长,壁薄中空,两端尖似牛角,白白中略带黄白。

3. 鱼唇　鱼唇是海味八珍之一,主要以鲟鱼、鳇鱼、大黄鱼以及鲨鱼上唇部的皮或连带鼻、眼、鳃部的皮干制而成,营养丰富,主要产地有舟山、青岛、渤海、福建等。鱼唇为生干品,以干净、干燥、体大,有光泽、透明感,无残污、无虫蛀者为上品。

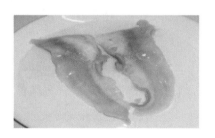

鱼唇

鱼子

4. 鱼子　鱼子为雌鱼的卵块(硬鱼子)或雄鱼的精块或精液(软鱼子)。鱼子是一种营养丰富的食品,其中含有大量蛋白质、钙、磷、铁、维生素和核黄素,也富含胆固醇,是人类大脑和骨髓的良好补充剂、滋长剂。鲟鱼的硬鱼子是最佳的鱼子,用于制作鱼子酱。一般鱼子经过盐渍或熏制后食用,常见的鱼子来自鲟鱼(黑鱼子)、大麻哈鱼(红色鱼子)、鲱鱼(黄色鱼子)。

5. 鱼骨　鱼骨又称明骨、鱼脑、鱼脆,主要以鲟鱼、鳇鱼等的鳃脑骨、鼻骨或鲨鱼、鳐鱼等软骨鱼类的头骨、鳍基骨等部位的软骨加工干制而成。成品呈长形或方形,白色或米白色,半透明,有光泽,坚硬。通常以头骨或腭骨制得的鱼骨为佳,鲟鱼的鼻骨制成的为名贵鱼骨,称为龙骨。

6. 鱼皮　鱼皮分海鱼皮和淡水鱼皮。海鱼皮是多种鲨鱼或鳐鱼的皮加工晒干后的成品的统

Note

鱼骨

鱼皮

称。其以体厚身干、皮上无肉、洁净无虫蛀者为优。淡水鱼皮以鲫鱼、草鱼等常见的鱼剥离而出的皮制成。鱼皮的晒制根据皮张的大小和部位的厚薄，可以分成整张鱼皮曝晒和部位鱼皮曝晒。较大的鱼皮可以割成脊背、腹部、嘴唇等不同的块进行晒干。脊背皮厚色青，称青皮；腹部皮薄色白，称白皮；嘴边皮厚色白，为真正的鱼唇。小的鱼皮常以整张晒干。

(五)常见鱼类制品的鉴别与储存

1.鱼类制品鉴别方法

(1)看色泽：具有该干制品特有色泽，同时体表洁净而干燥者为优品，肉色发灰或发红、暗淡有血污、水分未干者为次品。

(2)闻气味：各种鱼类制品都具有各自独特的香味，如有酸味、腐败味或脂肪酸败味者，均属次品。

(3)看外观：鱼类制品应体形完整，无破碎、无缺陷、无裂纹，并符合一定的规格，否则为次品。

(4)干燥程度：用手去抓鱼类制品，如果黏手，可能已经受潮；如果手中有残余白色细末，则表明鱼类制品存放的时间较长。鱼类制品含水量不得高于25%，以干硬者为佳。

(5)含盐量：鱼类制品的含盐量不得超过15%，体表应少见盐粒，无脏物。如有脏物表明制作时卫生不达标或使用的盐质量不好。

(6)杂质含量：鱼类制品体表应干净无污物，如表皮可见污物，则为次品。

2.鱼类制品储存方法

(1)鱼类制品要避免在阳光下曝晒，储存环境一定要阴凉通风和保持干燥，不能放置于潮湿的地方。

(2)鱼类制品一定要用密封性较强的袋子或容器储存，把鱼类制品放入密封的袋子或容器中，避免空气中的水分渗入鱼类制品中。

(3)可以将密封好的鱼类制品放入冰箱中恒温储存。

(4)如鱼干表面较潮湿，可以在鱼干表面多抹些盐，因为盐是天然的防腐剂。

四、其他水产品

(一)软体类

1.乌贼 乌贼别名墨鱼、墨斗鱼，乌贼目、乌贼科软体动物，与章鱼和枪乌贼近缘。遇到危险时乌贼会将墨囊中的墨汁喷出，将周围的海水染黑，从而保护自己逃生，因此得名墨鱼。我国以舟山群岛出产乌贼最多。乌贼的身体像一个橡皮袋子,有一船形石灰质的硬鞘,内部器官包裹在袋内。身体的两侧有肉鳍,体躯椭圆形,共有 10 条腕:8 条短腕,2 条长触腕。头颈短,头部与躯干相连,两侧有发达的眼。头顶长口,口腔内有角质腭,能撕咬食物。乌贼的烹调方法很多,主要有爆炒、焖烧、卤制,还可制成墨鱼馅饺子和墨鱼丸。比较常见的菜有爆炒墨鱼丝、爆墨鱼卷、烧墨鱼汤、熘墨鱼片等。

乌贼

鱿鱼

2.鱿鱼　鱿鱼别名柔鱼、枪乌贼,枪形目、枪乌贼科软体动物。鱿鱼被称为海中之星、养生佳品。鱿鱼体内具有 2 片鳃,为其呼吸器官,身体分为头部、颈部和躯干部。体呈圆锥形,有淡褐色斑点;头大,前方生有触足 10 条,尾端的肉鳍呈三角形。鱿鱼主要分布于中国海南北部湾、福建南部、台湾、广东、河北渤海湾和广西近海。目前市场上看到的鱿鱼有两种:一种是躯干部较肥大的鱿鱼,它的名称为"枪乌贼";另一种是躯干部细长的鱿鱼,它的名称为"柔鱼",小的柔鱼在广东称"小管仔"。

3.八爪鱼　八爪鱼别名章鱼,八腕目、章鱼科动物。其为温带性软体动物,生活在水下,能摄食大型浮游动物,栖息于多岩石海底的洞穴或缝隙中,喜隐匿不出。章鱼广泛分布于世界各大洋的热带及温带海域。章鱼体呈短卵圆形,囊状,无鳍,身体一般很小,八条触手又细又长,故有"八爪鱼"之称。章鱼是一种营养价值非常高的食品,不仅是美味的海鲜菜肴,而且是民间食疗补养的佳品。

八爪鱼

扇贝

4.扇贝　扇贝别名海扇、干贝,属珍珠贝目、扇贝科。其是经济价值较高的海珍品,以味道鲜美、营养丰富著称于世,它的闭壳肌干制后即是"干贝",为海味八珍之一。扇贝的贝壳色彩多样,肋纹整齐美观,是制作贝雕工艺品的良好材料。扇贝常见的菜肴有蒜蓉粉丝蒸扇贝、烤扇贝等。

5.芒果螺　芒果螺学名为花甲,别名花蛤,海南地区称芒果螺。其为帘蛤目、帘蛤科、蛤仔属动物,广泛分布在我国南北海区、福建及广东沿海。芒果螺外壳十分光滑,壳近卵圆形,前端为尖椭圆形,后端为钝椭圆形;壳表面呈深黄褐色,边缘呈紫色,布满"人"字形或火舌状深褐色花纹。

Note

壳面有自壳顶到腹缘的细密放射肋,有凹凸感,有黑色、棕色、深褐色或赤褐色的斑点或花纹。芒果螺味道鲜美,可以白灼、姜葱炒、香辣炒、煮汤。

芒果螺

血蛤

6. 血蛤　血蛤别名泥蚶、花蚶等,是一种贝类海洋生物。其产于江苏、浙江、广东、福建等沿海一带。东南亚和江苏、浙江、广东、福建沿海一带认为血蛤很滋补、能补血。血蛤肉嫩润滑,异常鲜美,肉呈鲜红色且汁如血,入馔味佳,令人垂涎。烧时不宜多煮,宜快速烹制,否则易老涩难嚼、寡淡少味。

7. 带子　带子别名鲜贝、江珧,常见的长带子属江珧科贝类的闭壳肌。带子在广东、海南沿海一带盛产,是名贵海产品之一。带子前尖后宽,呈楔形,表面具有放射肋,肋上有三角形略斜向后方的小棘;颜色淡褐色到黑褐色,幼时略透明,足丝发达。它以壳的尖端直立插入泥沙中生活。带子的肉质鲜美,其质爽软,蒸、炒、油泡皆宜。带子是潮汕、东江一带名菜,在海南多加蒜蓉清蒸。

带子

鸡腿螺

8. 鸡腿螺　鸡腿螺别名美人腿,为海南特产贝类海鲜,主要产地在陵水县黎安、新村港一带海域。每年3—6月、10—12月为主要旺季。其以高蛋白、低脂肪、肉质肥嫩鲜美、口感清甜、肉质紧实而深受大众喜爱。鸡腿螺的外形和其他螺区别不大,这种螺的外壳纹理更加粗糙,螺肉像一条小鸡腿,因此得名"鸡腿螺"。

9. 蛏子　蛏子别名指甲贝,是双壳纲、帘蛤目、竹蛏科贝类动物,有缢蛏、竹蛏等种类。蛏子在我国南北沿海均有分布,掘穴栖息于浅海和潮间带沙中,如向穴中倒些盐水,蛏子可由穴中跃出,受惊时水管易自切。蛏子有介壳两扇,形状狭而长,外面淡黄色,里面白色。其肉味鲜美,鲜食、干制均可。食用前可放在加少量盐的清水中养几天,让蛏子把腹中的泥沙吐净。蛏子有较多烹调方法,如辣炒蛏子、清蒸蛏子等。

10. 象拔蚌　象拔蚌别名海笋、海皇帝蚌。象拔蚌是目前已知最大的钻穴双壳类动物,是蛤属的大型贝类。因为其外形特征像大象的鼻子,所以被人称为"象拔蚌"。象拔蚌是世界上存活

蛏子

象拔蚌

最久、体积最大的洞穴类蛤蜊,在餐饮业中属高档食材。其长有两扇壳,薄且脆,前端有锯齿、副壳、水管(又大又多肉的虹管)。常用的烹调方法有汆、烫、炒、爆、油泡等。烹制象拔蚌时宜旺火速成,否则蚌肉易变老,调味宜淡色轻口,以突出成菜洁白清鲜之特色。体形大的象拔蚌做刺身最佳,小的象拔蚌主要白灼或者爆炒、清蒸。其胸肉具有细腻的蛤蜊风味和出色的柔软质地,极适合嫩煎或做汤。象拔蚌的烹制菜肴比较有名的是红汤象拔蚌、五彩象拔蚌、蒜蓉蒸象拔蚌、白灼象拔蚌、象拔蚌北菇鸡汤等。

(二)甲壳类

1.对虾　对虾别名东方对虾、中国对虾,属十足目、对虾科、对虾属。中国浙江、台湾、福建、广东、广西沿海均有分布。海南较著名的是产于万宁东部的港北小海、淡水与海水交汇处的港北对虾,与东山羊、和乐蟹、后安鲻鱼合称为"万宁四珍"。港北对虾个头不小,虾色与味皆独具其美,肉色鲜红,皮有光泽,颈部呈淡黄色,而不是别种虾的淡绿色。皮脆而肉嫩,味鲜而不腥。烹调方法有红烧、油炸、烤、煮汤,可制成泥茸,也可制虾饺、虾丸。干烧面煎港北大虾、火龙果拼虾球、芙蓉翡翠虾为海南较出名的菜肴。

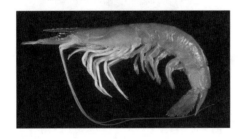

对虾

中华锦绣龙虾

2.中华锦绣龙虾　中华锦绣龙虾别名青龙虾、花龙虾,为龙虾科、龙虾属的一种。其在我国主要分布于福建、广东、海南沿海。中华锦绣龙虾是龙虾中体形最大的种类,也是世界名贵的经济虾类。该虾头胸甲略呈圆筒状,前缘具不同大小的刺。体表呈青绿色,而头胸甲略为蓝色,第二触角柄为蓝色,发音器略为粉红色,腹部、第一触角和步足有黑褐色和黄色相间的斑纹,腹部各节包括尾柄的背中部皆具宽黑色横带。触角的基部有 4 对疣刺,后面的 1 对较小。烹调方法多为刺身、清蒸、滑炒等。

3.虾蛄　虾蛄别名琵琶虾、皮皮虾等,我国沿海均产,以福建、广东、浙江、渤海及海南较多。琵琶虾在海南多产于陵水、万宁沿海一带,因其形似琵琶而得名,栖息于沿海近岸浅水泥沙或礁石裂缝内。头部与腹部的前4节愈合，背面头胸甲与胸节明显。腹部7节，分界亦明显，较头胸部大而宽。头部前端有大型具柄的复眼1对，触角2对。第1对内肢顶端分为3个鞭状肢，第2对的外肢为鳞片状。胸部有5对附肢，其末端呈锐钩状，以捕挟食物。胸部6节，前5节的附肢具鳃。琵琶虾营养丰富、肉味鲜甜嫩滑，肥壮的琵琶虾脑部满是膏脂，肉质十分鲜嫩，但剥壳较为费事。椒盐、清蒸是常见的烹调方法。

虾蛄

海南沼虾

4. 海南沼虾 海南沼虾别名白河虾、大钳虾等，隶属于长臂虾科、沼虾属。其分布于浙江、广东、广西、福建、海南等地入海的河流，是我国重要的淡水经济虾类。它虽属淡水虾类，但其幼体却必须在河口咸淡水水域度过。以白色透明者为多，体形粗短，头胸部较粗大，具肝刺和触角刺。全身分20个体节，其中头胸部13节（头部5节、胸部8节）、腹部7节。雄性成熟个体头胸甲上有许多小棘，额角平直，上缘有齿11～15个，下缘有齿3个。雄性成熟个体第二步足粗长，呈圆筒形，显著长于整个身体，其上有明显的棘，指节仅在内切缘两侧各有一列稀疏的硬毛。雌性和未成熟个体的第二步足短于体长，体青灰色或略带黄褐色，并随个体大小、栖息环境不同而有所变化。海南沼虾常见烹调方法为白灼、爆炒、盐焗等。

5. 罗氏沼虾 罗氏沼虾别名白脚虾、马来西亚大虾等，属十足目、长臂虾科、沼虾属。罗氏沼虾原产于热带、亚热带水域中，它具有生长快、食性广、肉质营养成分好的特点，是一种大型淡水虾。我国自1976年引进此虾，现已在广东、广西、湖南等十多个省（区、市）进行养殖，是世界上养殖量前三的虾种。罗氏沼虾素有淡水虾王之称，海南以屯昌养殖最为出名。罗氏沼虾体肥大，青褐色，每节腹部有附肢1对，尾部附肢变化为尾扇。头胸部粗大，腹部向后逐渐变细。头胸部包括头部6节、胸部8节，由一个外壳包围。腹部7节，每节各有一壳包围。附肢每节1对，变化较大，由前向后分别为2对触角、3对颚、3对颚足、5对步足、5对游泳足、1对尾扇。烹调方法有红焖大虾、煎白虾、熘虾段、琵琶大虾、炒虾仁等。罗氏沼虾加工后可制成虾干、虾皮等海味品。

罗氏沼虾

石蟹

6. 石蟹 石蟹别名蟹化石、大石蟹等，为古生代节肢动物弓蟹科石蟹及其近缘动物的化石，在我国主要分布于台湾、广东、海南沿海。其全形似蟹,呈扁椭圆形,或留有脚数只而呈不规则形。背面土棕色至深棕色,光滑或有点状小凸起,凹陷处多留有泥土。腹面色较淡,表面已破坏,或留有节状的脚,凹陷处及脚断处常填有泥土。质坚硬如石。海南人食用石蟹的方法有清蒸、砂锅蟹粥等,炒蟹尤为常见,如咖喱石蟹、香辣石蟹、姜葱石蟹、椒盐石蟹等,都是人们竞相品尝的热门菜。

7. 琵琶蟹　琵琶蟹是海南名特产,学名蛙形蟹,因形似蛙而得名。海南主要产区在陵水新村港湾一带,其体大、肉肥、味极鲜美。头胸甲呈蛙形,状似琵琶琴,螯足壮大、对称,前足 4 对、指节均扁平呈铲状且具软毛。琵琶蟹与其他蟹最大的区别是直行而不是横行。因其貌怪异,产地渔民又称之为"琼兽蟹"。琵琶蟹以白灼、清蒸味道极佳。

琵琶蟹

红花蟹

8. 红花蟹　红花蟹别名花纹石蟹、花蟹等,在我国主要分布于海南沿海。红花蟹自上而下有8 条腿,为肉食性动物,身体浅红或瘀红,额角长 6 棘,壳上有深色花纹,腹部为白色。红花蟹色彩艳丽,所以被称为蟹族中的"美人"。其肉质坚实鲜美、甘甜,可用来清蒸、煲粥,也可红烧等,咖喱红花蟹、油焖红花蟹也是较为出名的菜肴。

9. 和乐蟹　和乐蟹别名虫寻、青蟹,主产于海南最大的潟湖——港北内海,在万宁和乐镇,以港北、乐群村一带的和乐蟹较为有名。和乐蟹以肉肥膏满著称,是海南四大名菜之一、中国国家地理标志产品,深受大众的喜爱。蟹体背部呈青绿色,腹部白色或微黄色,甲壳坚硬有光泽。和乐蟹的烹调方法多种多样,如蒸、煮、炒、烤,均具特色,还可生烹、酒浸、糟收、盐腌,尤以清蒸为佳,既保持原味之鲜,又兼原色形之美。

和乐蟹

椰子蟹

10. 椰子蟹　椰子蟹别名强盗蟹,主要分布在印度洋及西太平洋水域,在中国分布于海南三亚一带。椰子蟹是寄居蟹的一种,是最大的陆生节肢动物和陆生蟹类。椰子蟹生长在靠近海岸的热带森林,在繁殖季节返回海洋,在海洋中长大。椰子蟹因善于爬椰子树和喜食椰肉而得名,

因此,椰子蟹自带椰子味。椰子蟹体躯和附肢甲壳钙化,坚厚,头胸甲及步足表面有波状皱纹。头胸甲的鳃区特别扩大。额角呈三角形,眼鳞小,左螯大于右螯。腹部的背甲与侧甲皆钙化,部分弯折在头胸甲之下。椰子蟹体色有紫蓝色、橙红色。烹调方法多为蒸、炖和煲汤等,蟹膏和鸡蛋一起烹制味道极佳,用当归、红枣、桂圆肉一起炖汤,更被视为补身佳品。

(三)海藻类

1.石花菜 石花菜别名琼枝、凤尾等,属于红藻门、石花菜科、石花菜属。石花菜的分布很广,属于世界性的红藻。石花菜颜色有紫红色、深红色或绛紫色,在光照多的海区生长者呈淡黄色。石花菜藻体为直立丛生、羽状分枝互生或对生,枝扁平或呈亚圆柱形。藻体分枝很多,主枝生侧枝,侧枝上生小枝,各种分枝的末端尖,枝宽0.5~2 mm。整个藻体上部分枝较密,固着器呈假根状,假根一般呈黑色。石花菜口感爽利脆嫩,既可拌凉菜,又能制成凉粉。用它制成的汤味道鲜香、口感细滑。石花菜还是提炼琼脂的主要原料。

石花菜

麒麟菜

2.麒麟菜 麒麟菜别名鸡脚菜、鸡胶菜,属于红藻纲、红翎菜科、麒麟菜属。在我国则仅海南岛、西沙群岛、台湾岛有产,尤以海南文昌、琼海两市较多。藻体圆柱形或扁平,紫红色,具刺状或圆锥形凸起,有分枝;多轴型,营养繁殖,基部有盘状固着器。近似种琼枝和珍珠麒麟菜已成为人工栽培的主要种类。麒麟菜富含胶质,可提取卡拉胶,供食用和用作工业原料。烹调方法主要为直接凉拌或者做成皮冻再凉拌。

3.马尾藻 马尾藻属于褐藻纲、马尾藻科、马尾藻属,是最大型的藻类,是唯一能在开阔水域自行生长的藻类。在中国盛产于广东和广西沿海,尤其是海南岛和涠洲岛。藻体黄褐色,分为固着器、茎、叶和气囊四个部分。茎略呈三棱形,叶子多呈披针形。固着器有盘状、圆锥状、假根状等,主干圆柱状,长短不一,向四周辐射分枝,分枝扁平或呈圆柱形。藻叶扁平,多数具有毛窝,具气囊,单生圆形、倒卵形或长圆形。烹调方法有凉拌和煮汤。

4.紫菜 紫菜别名紫英、索菜等,属红毛藻科、紫菜属。紫菜主要分布于亚热带及温带地区的沿海,在中国以福建沿海为主要产地,其次是浙江沿海。南方以坛紫菜为主。紫菜分叶、叶柄和固着器三个部分,不同种类的叶片形状、大小不同。坛紫菜的叶状体呈长叶片状,基部宽大,梢部渐失,叶薄似膜,边缘有些许皱褶。自然生长的长30~40 cm、宽3~5 cm,其体长因种类不同而不同。不同种类的紫菜体内含有的叶绿素、胡萝卜素、叶黄素、藻红素、藻蓝素等色素含量比例不同,使紫菜呈现紫红色、蓝绿色、棕红色、棕绿色等颜色,但以紫色居多,紫菜因此而得名。紫菜

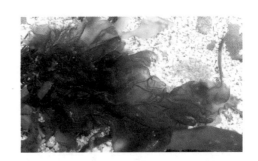

马尾藻　　　　　　　　　　　　　　　　　　　　　　紫菜

适合烧汤、煮食、研末等。

5.海带　海带别名昆布、江白菜等,属海带目、海带科、海带属。其生长在海中,因柔韧似带而得名,有"长寿菜""海上之蔬""含碘冠军"的美誉。海带自然分布于太平洋西北部沿岸,属冷温带海藻。海带藻体呈褐色,一般长 2～4 m,最长达 7 m;可分固着器、柄部和叶片三个部分。固着器叉形分枝,可以附着在海底岩石上;柄部短粗,圆柱形;叶片狭长,带形。海带可煲汤、炒菜、凉拌和糖浸,豆腐海带汤、海带冬瓜薏米汤、海带绿豆糖水是较出名的菜肴。

海带

水产品类原料的品质鉴别和储存

我国是水产品生产大国,水产品生产量连续多年居世界首位。水产品营养丰富、味道鲜美,并具有低脂肪、高蛋白、营养平衡性好的特点,深受人们的喜爱。水产品易受海水、淡水水域环境污染,需要国家、地方和行业制定相关标准来保障水产品的质量安全。

一、新鲜鱼的品质鉴别

序号	检验项目	新鲜鱼	不新鲜鱼
1	外观	表皮上黏液较少,体表清洁。鱼鳞紧密完整而有光泽。鱼皮未变更其原有的弹性,用手压入的凹陷随即平复。肛门周围呈一圆坑形,硬实发白,肚腹不膨胀	表皮黏液量增多,透明度下降。鱼背较软,苍白色,用手压其时凹陷处不能立即平复,失去弹性。鱼鳞松弛,层次不明显且有脱片,没有光泽。肛门也较凸出,同时肠内充满因细菌活动产生的气体而使肚腹膨胀,有臭味
2	肌肉	鱼肉的组织紧密而有弹性,肋骨与脊骨处的鱼肉组织很结实	肉质松软,用手拉极易脱离脊骨与肋骨。肌肉有霉味、酸味,有些地方有腐败现象
3	鱼鳃	鱼鳃的色泽鲜红或粉红,鳃盖紧闭,黏液较少呈透明状,没有臭味	鱼鳃呈灰色或苍灰色,如呈灰白色、有黏液等污物,则为腐败的鱼
4	鱼眼	眼澄清透明,并且很完整,向外稍稍凸出,周围没有充血而发红的现象	鱼眼多少有点塌陷,色泽灰暗,有时由于内部溢血而发红。腐败鱼眼球破裂,并移动位置
5	气味	正常的鱼腥味,没有腐烂变质的味道及其他异味	有腐败变质的臭味

二、新鲜鱼的储存方法

(一)活养法

选择大小适当的养鱼容器,可避免鱼在水中过多游动,加盖避光,可使鱼免受惊吓而蹿跳活动,减少鱼的体能消耗,从而延长其寿命。活鱼家养保鲜时,须注意保持水的清洁澄明,勿使其混浊,并给鱼加氧气以免造成活鱼缺氧而死亡。不应也无须向水中投入饭粒之类的"鱼食",否则不仅鱼不会吃,而且使水变得污浊。

(二)低温保鲜法

对鱼进行清洁加工,必须尽快去除鱼内脏及鱼鳔,将鱼体清洗干净,然后用清洁的冰箱保鲜袋包装,放入冰箱冷冻室内保存。

(三)盐水保鲜法

如没有冰箱,先不要用水清洗去鳞,可先将活鱼的内脏掏空,然后放在浓度为10％的盐水中浸泡,一般在30 ℃左右气温下也可以让鱼的保鲜时间延长几天。

三、冷冻鱼品质鉴别

序号	检验项目	质量好的冷冻鱼	质量差的冷冻鱼
1	外观	体态均匀,鱼鳞完整,没有损伤,没有畸形,鱼皮光滑、不混浊,且没有淤血。色泽光亮,与新鲜鱼一样鲜艳,体表清洁,肛门紧缩	鱼鳞有剥落,鱼皮破损,鱼身有淤血或残缺。体表暗无光泽,肛门凸出
2	肌肉	用刀切开,肉质结实不离刺,脊骨处无红线,胆囊完整不破裂	鱼体不完整,用刀切开后,肉质松散,有离刺现象,胆囊破裂
3	鱼眼	眼球饱满凸出,角膜透明、洁净无污物	眼球平坦或稍凹陷,角膜混浊发白

四、冷冻鱼的储存方法

冷冻鱼在冰箱里最长可以放9个月,如果包装密封性好,口味不会有太大的改变。如果封闭不严,会有些风干,虽然口味会变差,但不影响食用。家用冰箱因经常开关门,翻拿东西,温度忽高忽低,保证不了恒定的温度,保质期要相应缩短。但是,还是建议尽快食用,储存时间越长,口感越差。

由于食品冷冻时有部分细菌只是被抑制生长,同时还有部分在低温下仍能繁殖的细菌,在解冻后这些细菌会呈爆发式增长。所以解冻后的食品继续冷藏,保质期会大大缩减,只有正常冷藏时的 1/4～1/2。具体时间与冷冻前的新鲜程度,冷冻时间、温度,以及冷藏的温度有关。一般来说,解冻后的鱼冷藏保鲜时间最好不要超过 20 h。

五、虾类的品质鉴别

序号	检验项目	新鲜虾	不新鲜虾
1	外观	头尾完整,有一定的弯曲度,虾身较挺	头尾容易脱落或易离开,不能保持原有的弯曲度
2	颜色	皮壳发亮,呈青绿色或青白色,即保持原色	皮壳发暗,原色变为红色或灰紫色
3	肌肉	肉质坚实,细嫩	肉质松软
4	气味	闻时气味正常,无异味	闻时气味不正常,一般有异臭味

六、虾类的储存方法

(一)保鲜袋冷冻法

把鲜虾一只只摆直放入保鲜袋封好,直接放入冰箱冷冻,这样既冷冻得好又保鲜,吃的时候用水泡一下即可。

(二)瓶子保鲜法

把鲜虾放入瓶中,将瓶子灌满水,拧紧瓶盖后放入冰箱冷冻。这样虾完全与空气隔绝,虾肉和新买的一样新鲜,不会变得干柴,也不会串味。

(三)保鲜盒冷冻法

鲜虾洗净放入保鲜盒后,盖好直接放入冰箱速冻,这样保鲜的虾和刚买来的鲜活的虾肉质口感接近,保存得较好。

(四)汆水冷冻法

鲜虾放入沸水中煮一下,然后捞出沥干水分,用保鲜袋装好,放在冰箱里面冷冻。

(五)真空包装

将鲜虾放进包装袋后抽尽空气。真空包装是保存时间最久的方法,并且打开后还很新鲜。

七、蟹类的品质鉴别

序号	检验项目	新鲜蟹	不新鲜蟹
1	外观	看肚脐,肚脐凸出来的,一般膏肥脂满;看螯足,凡螯足上绒毛丛生,说明螯足老健	肚脐凹进去的,大多膘体不足;螯足无绒毛,则体软无力
2	活力	爬动快捷,健壮活跃,调弄它会迅速张开蟹钳,钳住东西不放。将螃蟹翻转身,使腹部朝天,能迅速用螯足弹转翻回的,活力强、新鲜度高。新鲜蟹结实饱满,用手捏紧蟹体时,挣扎强劲,眼睛闪动	不能翻回的蟹活力差,存放的时间不能太长。不新鲜的蟹呆滞少动,拨弄时也反应迟缓,用手紧捏蟹身少有反应,蟹身有松软感,蟹爪易脱落。死蟹一概不可食用
3	颜色	凡壳背呈黑绿色、带有亮光,都为肉厚壮实。蟹尾部要发红或发黄,蟹壳部分与蟹脐的根部分离,证明蟹黄很满	头胸甲呈暗红色,腹部呈灰色

八、蟹类的储存方法

(一)低温保存

把螃蟹捆绑起来,减少其体力消耗,然后将它放在容器或泡沫箱里面,并将湿毛巾覆盖在螃蟹上方,注意毛巾不能太干,需要保持水分,盖上盖子后再将其放进冰箱冷藏,一般能保存 7 天左右。

(二)水养保存

把螃蟹放在内壁较光滑的容器内,然后往里倒水,注意水深不能没过螃蟹的身体,以免螃蟹不能正常呼吸、缺氧窒息而死,容器不能加盖子。采用这样的方法保存螃蟹,气温不高的情况下可以保存 5 天左右。

 **课后练习**

一、名词解释

1.鱼类原料

2.海洋鱼类

3.淡水鱼类

4.鱼类制品

二、判断题

1.鱼类的鲜味主要来源于鱼体中所含有的氧化三甲胺。（　　）

2.我国著名的四大家鱼指的是青鱼、草鱼、鲤鱼、鲫鱼。（　　）

3.鱼类体形大致可分为纺锤形、侧扁形、平扁形、圆筒形、球形等。（　　）

4.鱼翅是由大型鱼类的胸鳍干制而成的。（　　）

5.虾和蟹属于水产品类原料中的甲壳类。（　　）

三、简答题

1.在烹调过程中如何去除鱼类的腥味？

2.鱼类的外表结构有何特征？

3.简述鱼类制品的储存方法。

四、论述题

1.试述新鲜鱼的品质鉴别与储存方法。

2.试述鱼类的组织结构。

在线答题

项目 7
干货类原料

【学习目标】

1.学习并掌握干货类原料的基础知识。

2.学习并掌握干货类原料的分类及烹饪运用。

3.学习并掌握干货类原料的品质鉴别与储存。

【项目导入】

海南四面环海,其干货类原料十分丰富,是游客们购买海产的理想之地。正所谓"浓缩的都是精华",干货类原料通常经过了脱水处理,相比鲜品更美味、更营养、更安全。海南常见的海鲜干货类原料有虾皮、鱿鱼干、墨鱼干、鱼翅、红鱼干、鲅鱼干、鱼肚、干海马、干螺肉、麻鱼干、干海参、干贝、海蛇干等。

扫码看课件

干货类原料的基础知识

一、干货类原料的概念

干货类原料是指鲜活的动植物、菌藻类经脱水干制而成的原料,简称干货或干料。干货类原料中不少为名贵的山珍海味,是烹饪原料的一大组成部分。一些干货类原料由于风味独特、营养成分特殊而成为烹饪技术的重要研究对象。

二、干货类原料常用的干制方法

(一)晒

晒是利用阳光辐射,使原料受热后水分蒸发、体积缩小的一种自然干制方法,也是最简单、最普遍的一种干制方法,适用于各种原料的干制。在脱水干制的同时,阳光中的紫外线还能杀死细菌,起到防腐的作用。

(二)晾

晾又称晾干、风干,是将鲜活原料置于阴凉、通风、干燥处,使其水分慢慢蒸发,体积缩小、质地变硬的一种脱水方法。它适合体积较小的新鲜原料,且必须在干燥的环境下进行,否则原料极易感染细菌而霉烂变质。

(三)烘

烘是利用熏板、烘箱、烘房以及远红外线产生的热空气对流,使鲜活原料内部的水分快速蒸发的脱水方法。因不受时间、气候、季节的限制,故其适合各种原料的干制。

三、干货类原料的特点

1. 水分含量少,便于运输、储存 由于原料的性质不同,干燥的情况也不完全相同。一般来讲,动物性干制品含水分较少,植物性干制品含水分比较多。但是,无论哪种原料的脱水标准,都应该为最小极限。由于干制后的原料不易变质,大大方便了运输和储存,因此沿海地区的海味可销往国内外许多城市,山区的珍品可运往海滨,冬季的干制品可储存到夏季,既调节了市场供应,又可促进商品流通。

2.组织紧密,质地较硬,不能直接加热食用　这是干货类原料的显著特点。因此,其在烹饪之前,有一个重新吸水,恢复原有鲜嫩、松软状态的涨发过程。由于原料的品种、来源、干制方法不同,其涨发方法也不相同,所以干货类原料的涨发技术是干货类原料菜肴烹饪的关键。总之,干货类原料都具有干、硬、老、韧的特点,特别是动物性干制品。

干货类原料的分类与烹饪运用

干货类原料的种类繁多、特点各异,分类方法较多。按传统方法分,其可分为山珍类、海味类和一般干制品三类。按原料性质分,其可分为动物性干制品和植物性干制品。

一、动物性干制品

(一)红鱼干

儋州出产的红鱼干,是海南著名的特产之一。红鱼是南海特有的底层鱼类,生长在北部湾渔场,是南海重要的经济鱼类之一。红鱼学名为红鳍笛鲷,因全身鲜红而得"红鱼"这个俗名。红鱼体健身壮,一般可活四五年,长寿者可达 7 年以上,被列为优质海鱼类。

1. 品质鉴别　挑选时以个体较大,肉厚刺少,肉质鲜美,蛋白质含量高,营养丰富者为佳。

2. 烹饪运用　烹饪时,先将红鱼干用清水泡软,以去掉一些海鱼的咸味,烧制时不需要额外放盐。红鱼干不仅可单独成菜,也可以与其他食材搭配,制成各具风味的美味佳肴,如清蒸红鱼五花肉、红鱼炖山猪肉、红鱼木瓜汤、香煎红鱼干,还有红鱼粥、红鱼饭等,都是不可多得的美食。除了制作成海产干货,红鱼还有其他周边产品,如红鱼汁罐头、红鱼内脏罐头、红鱼戏五花等熟食产品。

红鱼干

鲍鱼干

(二)鲍鱼干

崖州三珍,又称"三亚三绝",特指鲍鱼、海参、鱼翅。鲍鱼属贝类,是一种海产软体动物。其主要种类有杂色鲍、半纹鲍、羊鲍、耳鲍和皱纹盘鲍五种。鲍鱼富含蛋白质、钙、铁、碘、维生素 A 等人体必需的营养成分,营养价值极高且温补而不燥。

1. 品质鉴别　选购的时候要仔细观察,尽量挑选外形完整、边缘均匀、个体大小近似"马蹄形"的鲍鱼干。

2. 烹饪运用　鲍鱼干用清水浸泡 10 h,刷洗干净,放入砂锅中,加水用小火煲约 2 h,停火焗至水冷,再用小火煲至滚,熄火再焗。如此反复,让鲍鱼充分吸收水分,使鲍鱼体柔软饱满、形整不烂,且不破坏鲍鱼的营养成分,也不影响鲍鱼的鲜美度。成菜口感较好,适用于扒、焖的菜式,如蚝皇鲍鱼、网鲍焖鸡等。

(三)鱼皮

鱼皮是用软骨鱼类背部的厚皮加工而成的干制品。我国沿海各地区均加工生产鱼皮,福建、浙江、山东为其主要产区。

1. 品质鉴别　优质鱼皮皮面大,无破孔,皮厚实,腐肉少,无虫蛀,皮透明,色泽白净,不带咸味,有光泽。

2. 烹饪运用　鱼皮涨发后,宜采用烧、烩、扒、焖等方法烹制成菜,也可以煮熟后凉拌,还可应用于火锅中。因鱼皮自身无鲜味,单用鱼皮成菜一定要用上等鲜汤赋味,或将鱼皮用高汤熬制入味后再烹调成菜,或与鲜味较足的原料配用。用鱼皮制作的菜肴有凉拌鱼皮、鸡茸鱼皮、蟹黄鱼皮、白汁鱼皮、干烧鱼皮、原焖鱼皮、鲍汁鱼皮、奶汤鱼皮等。

鱼皮

鱼骨

(四)鱼骨

鱼骨是以鱼类头骨、腭骨、鳍基骨及脊椎骨接合部等的软骨加工而成的干制品,又名明骨、鱼脆。鱼骨成品有长形或方形,白色或米色半透明,有光泽。鱼骨主产于我国浙江、福建等沿海地区。

1. 品质鉴别　优质鱼骨大小均匀,颜色淡黄或洁白,色鲜亮而有光泽,骨胶透明度高,无白色硬骨,骨块坚硬、洁净。

2. 烹饪运用　涨发好的鱼骨色白如玉,呈半透明状,以烧、烩、煮、炖、煨等烹调方法成菜较能突显其良好的风味;因其并无鲜味,单用鱼骨成菜一定要用上等鲜汤赋味,或将鱼骨用高汤熬制入味后再烹调成菜,或与鲜味较足的原料配用。用鱼骨制作的菜肴有芙蓉明骨、鸡茸鱼骨、三鲜明骨、细卤明骨、清炖鱼骨、冰糖银杏明骨等。

(五)淡菜

淡菜是用贻贝肉煮熟后干制而成。因其加工不用盐,故称淡菜。浙江沿海地区又称其为壳菜。淡菜主产于我国浙江、福建、山东等沿海地区。

1.品质鉴别　优质淡菜个体肥大,肉色红黄或黄白而有光泽,干燥无霉;味道鲜美而稍甜,无杂质,无足丝。

2.烹饪运用　涨发好的淡菜味道鲜美,除去毛丝及腔内黑色肠胃,洗净后可与多种物料搭配,广泛运用于烩、炖、烧、煨等烹调方法制作的菜肴中;做汤、做馅味道亦佳。淡菜与排骨或鸡煨汤,味道极鲜;将泡软的淡菜放在油锅中煎成黄色,煮成汤料,味道胜过虾皮汤;淡菜也可同西洋菜、大猪骨一同煲汤。用涨发后的淡菜制作的菜肴有淡菜节瓜猪腱汤、淡菜蒸鸭块、淡菜炖白蹄、贡淡鱼翅、砂锅鳝鱼淡菜、羊肉淡菜粥、淡菜皮蛋粥、红枣海参淡菜粥等。

(六)干贝

干贝为软体动物扇贝、日月贝、带子等的闭壳肌干制品的总称,又称肉柱、海刺。

扇贝:扇贝闭壳肌在所有贝类中质量最好、应用最广,主产于我国渤海和胶州湾沿海。

日月贝:日月贝的闭壳肌体小,呈圆扁形,口味微甜,鲜味和质量均次于扇贝闭壳肌,主产于我国福建、广东和广西沿海。

带子:又称江珧,体形较大。其闭壳肌纤维较粗、有两个柱心,质量次于前两种,我国南北沿海均产。

1.品质鉴别　优质干贝个体大小均匀,外形完整,颜色淡黄稍白,有新鲜光泽;味道鲜淡,有甜味,干度足而润滑,肉丝有韧性。

2.烹饪运用　涨发好的干贝,滋味以清鲜见长,多做主料,也可与辅料配用;广泛应用于冷菜、热炒、汤羹乃至火锅中。干贝味鲜,经常用作赋鲜剂,如鱼皮、鱼肚等本身味淡的原料,以及许多白烧、白烩、清蒸等的菜品,常用干贝赋鲜、增鲜,可直接配用,或者用于吊汤。用干贝制作的菜肴有干贝鱼肚、芙蓉干贝、桂花干贝、绣球干贝、干贝冬瓜球、蒜子瑶柱脯等。

干贝

虾皮

(七)虾皮

虾皮是生鲜海产的毛虾或经盐水煮熟的毛虾的干制品,因体形较小,肉质不明显,故称为虾皮。我国沿海地区均产虾皮。

生晒虾皮:无盐分,淡晒成品,鲜度高,口感好,不易返潮霉变,可长期存放。

熟煮虾皮:加盐煮沸,沥水干燥,色泽淡红、有光泽,质地软硬适中,仍保持鲜味。

1. 品质鉴别　优质虾皮个体呈片状,为弯钩形,甲壳透明,色红白或微黄,肉丰满。用手握虾皮后再松开,个体散开。

2. 烹饪运用　虾皮个体较小,食用方法较多。做主料最宜整体炒食,可配韭菜、洋葱、鸡蛋等;做辅料更是提鲜助味的佳品,冬瓜、白菜、萝卜、豆腐均可用它佐味。虾皮也是做馄饨馅或做汤、凉拌菜的辅助料之一,味道鲜美。用虾皮制作的菜肴有虾皮拌香菜、虾皮拌小葱、虾皮拌青椒、虾皮炒鸡蛋、虾皮炒韭菜、虾皮豆腐、虾皮萝卜汤、虾皮冬瓜汤等。

(八)鱼肚

鱼肚有大和小之分,大而厚的鱼肚又称鱼胶,多用大中型鱼类的鱼鳔干制而成。这些鱼的鱼鳔比较发达,鳔壁厚实,是制作鱼肚的良好原料,因其富含胶质,所以又称鱼胶,在清代被列为海味八珍之一,常用作宴席的主菜或大菜。

根据产地的不同,鱼肚也有不同的名称。在餐饮行业中,被称为"广肚"的通常是产于广东、广西、福建、海南等沿海一带的毛鳞鱼和鲍鱼肚的统称;湖北石首一带的鲍鱼肚因外形似笔架,被称为"笔架鱼肚";原产于中、南美洲的鱼肚被称为札胶,当地人称之为"长肚"。

1. 品质鉴别　优质鱼肚板片大,肚形平展整齐、厚而紧实、厚度均匀,色泽淡黄,整洁干净,面带光泽,呈半透明状。

2. 烹饪运用　干制鱼肚在烹饪之前,都必须经过涨发,常用的涨发方法有油发、水发和盐发。一般肚形较大而厚实或当补品吃的以水发为好,肚形小而薄或做成菜品吃的宜采用油发,避免因水发导致鱼肚软烂,进而发生糊化。油发后的鱼肚,密布着大小不同的细小气泡,呈海绵状,烹制成菜肴后可饱吸汤汁,滋味醇美浓郁,口感蓬松。鱼肚适合使用多种烹调方法,常用的有扒、炖、烩等。代表菜肴有红烧鱼肚、白扒鱼肚、蟹黄鱼肚、鸡丝鱼肚等。

鱼肚

干海参

(九)干海参

干海参是海参经过晒干后的制品,尽管营养价值不及鲜海参高,但是其营养成分比鲜海参更容易被人体吸收,而且容易储存和运输。根据加工工艺的不同,干海参一般包括盐干海参、淡干海参。淡干海参是含盐量为5%～10%的干海参,是目前海参的主打产品。盐干海参外表通常附着一层盐粒或盐沫,所以外表呈白色,看不到清晰的表皮和小足。

刺参：又名灰参，呈圆柱形，一般长 20～40 cm，前端口周围有 20 个触手，背有 4～6 行肉刺，腹面有 3 行管足，体色有黄褐色、绿褐色、纯白色、灰白色等。我国北部沿海出产最多，可以人工繁殖。干品以肉肥厚、味淡、刺多而挺、质地干燥者为佳。

梅花参：海参中最大的一种，体长可达 1 m 左右，背面肉刺较大，每 3～11 个肉刺基部相连成花瓣状，故名"梅花参"；又因体如凤梨，故也称"凤梨参"。梅花参腹部平坦，开腔平展，管足小而密布，口稍偏于腹面，周围有 20 个触手，背面呈橙色或橙黄色，间有褐色斑点，涨发后变为黑色。其盛产于我国西沙群岛一带，品质优，为我国南海所产海参中最好的一种。

光参：又名茄参、瓜参，因体面光滑无刺而得名，主要产于我国南部沿海地区。光参呈灰褐色、白黄色、暗褐色，口周围有 10 多个触手，体壁肉质较厚。

1. 品质鉴别　干海参以体态饱满，皮薄而质重，肉壁肥厚，水发时涨发性好、涨发率高，涨发后质地糯而滑爽、富有弹性、质地细而无沙者为佳。其中，肉质肥厚、刺多而挺、质地干燥的淡干刺参较佳，涨发率较高，每 500 g 可发 3750～4000 g。

2. 烹饪运用　常用的海参多为干制品，在烹饪前，一般要经过泡发、煮发、碱发、盐发等涨发处理。海参口感细腻滑嫩，富有弹性。在烹饪运用中，海参既可以作为主料，也可以作为辅料，在宴席中多数作为大菜、高档菜出现；以整只使用居多，也可以经过刀工处理成各种形状，如段、条、片、块等；适合使用多种烹调方法，如烧、烩、焖、煮、蒸等。因其本身无味，制作时应与呈鲜原料一同烹制，以赋予其味道。代表菜有山东的葱烧海参、上海的虾子大乌参、四川的家常海参等。

（十）干肉皮

干肉皮是将鲜猪皮晒干而成的干制品，又称皮肚。

1. 品质鉴别　干肉皮的质量因部位不同而有差别，猪后腿皮、脊背皮坚而厚，涨发性好，质量最好。其他部位的皮质量较差。优质干肉皮，体表洁净无毛，白亮、无残余肥膘，无虫蛀，干爽，敲击时声音清脆。

2. 烹饪运用　干肉皮经涨发后，可切成丝、片等形状，适合使用拌、烧、扒、制汤等烹调方法。用干肉皮制作的菜肴有拌皮丝、烧皮肚、扒皮肚等。因其本身无鲜味，在制作菜肴时要注意赋予鲜味。

干肉皮

蹄筋

（十一）蹄筋干制品

蹄筋是指有蹄动物四肢蹄跟部的肌腱及与之相关联的韧带，由以胶原纤维为主的致密结缔组织组成。

蹄筋常见种类有猪蹄筋、牛蹄筋、羊蹄筋和鹿蹄筋,以猪蹄筋为多、鹿蹄筋为佳。常说的蹄筋是指猪蹄筋。蹄筋干制品的长短、粗细、质地随动物种类不同而有差异。鹿蹄筋干制品为细条状,呈棕黄色或金黄色,主要产于东北、西南、西北地区,以粗大、干燥、金黄、有光泽者为佳;牛蹄筋干制品粗壮,以云南、贵州一带为多;羊蹄筋干制品细小,主要产于西北。

蹄筋可分为前蹄筋和后蹄筋。前蹄筋质量较差,筋短小,一端呈扁形,另一端分开两条,也呈扁形;后蹄筋质量好,一端呈圆形,另一端分开两条,也呈圆形。

1.品质鉴别　优质猪蹄筋干制品个大、完整、色白、半透明、干燥,无霉变、无虫蛀、无杂味。

2.烹饪运用　蹄筋干制品烹制前,必须经过涨发,常用的方法有油发、盐发和蒸发等。由于其本身无鲜味,需赋味,适合使用炖、煨、扒、烧、烩等多种烹调方法,如红油蹄筋、酸辣蹄筋、鱼香蹄筋等。成菜柔糯而不腻、口感润滑、滋味腴美。

二、植物性干制品

(一)香菇

香菇因干制后有浓郁的特殊香味而得名,又称香蕈。因其不耐高温,子实体常在立冬后至次年清明前产生,故又称冬菇。我国自宋代起已有人工栽培的香菇,主要产于浙江、福建、江西、安徽等地。

香菇按外形和质量分为花菇、厚菇、薄菇和菇丁四种。

香菇

花菇:伞面有菊花形状的白色微黄裂纹,菌盖完整、呈圆形,边缘内卷、肥厚;菌柄短,菌褶色白干净,质鲜嫩,香气足,是香菇中质量最好的品种。

厚菇:质量次于花菇,伞面比花菇大,体形圆整,背部隆起,边缘下卷;菌盖呈紫褐色,菌褶密,色白微黄,香气浓。

薄菇:肉质较老,大小不均,边缘不内卷,菌褶粗疏,色较深,品质较差。

菇丁:菌盖直径小于2.5 cm的小香菇。

1.品质鉴别　优质香菇肉厚实,面平滑,味香浓,大小均匀,菌褶紧密、细白,菌柄短而粗壮,表面带有白霜。花菇伞面有像菊花一样的白色微黄裂纹,以色泽黄褐而光润、菌伞厚实、边缘下卷、香气浓郁者为佳。厚菇伞面无花纹,深褐色至褐色,肉厚质嫩,朵稍大,边缘破裂较多,以菌伞直径大于1 cm者为佳。薄菇以开伞少、破损少者为佳。

2.烹饪运用　香菇是世界著名的四大栽培食用菌(香菇、平菇、蘑菇、草菇)之一,有"菇中皇后"的美誉。香菇在烹调中,可切成丁、丝、块或整形应用,做主料适合使用炒、卤、炸、制汤等烹调方法,可制作卤香菇、炒二冬(冬菇、冬笋)、炸香菇、奶汤香菇等菜肴;可以和多种原料搭配制作菜肴,如香菇炖鸡、香菇里脊、香菇扒菜心、香菇烧茄子、香菇鱼片等。由于香菇表面为深褐色,因此也可利用其色泽搭配其他原料，以增加菜肴的花色。香菇是制作素菜的重要原料，是素菜中的三菇（香菇、蘑菇、草菇）之一，在仿荤类菜肴中应用广泛，如素脆鳝等。

（二）蘑菇

蘑菇又称洋蘑菇、白蘑菇。蘑菇菌盖呈扁半球形，较平展。菌柄与菌盖同色，呈近圆柱形，有菌环。子实体呈伞形，菇面平滑，菌盖厚、肉质嫩，边缘内卷并与菌柄上的菌环相连，质地老时分离而露出褐色的菌褶。

蘑菇依菌盖的颜色可分为白色种、奶油色种、棕色种，其中白色种栽培最广。蘑菇包括四孢蘑菇和双孢蘑菇，现以双孢蘑菇较多，广泛分布于我国上海、浙江、江苏、四川、广东、广西、安徽、湖南等地。由于人工栽培，蘑菇四季均产。

1. 品质鉴别　伞面呈白色、洁净，没有泥沙粘嵌的痕迹；菌褶呈淡黄色，紧密、均匀；肉厚实，大小均匀；菌伞直径在 3 cm 以内，盖面凸起；菌柄短而粗壮，没有泥沙、虫蛀、霉斑。手感硬实，在木箱中摇动时，能听到坚实的互相碰撞声。此外，能嗅到清香浓郁的香味。

2. 烹饪运用　蘑菇肉质肥厚，脆嫩滑爽，味道鲜美，多为干制品或加工成罐头制品，亦有鲜品。现较多使用罐头制品，可分为整蘑菇、片蘑菇和碎蘑菇。蘑菇在烹调中，刀工成形以整形、片状较多，适合使用拌、炝、烧、烩等烹调方法，做主料可制作炝蘑菇、海米炒蘑菇、扒蘑菇等菜肴，是制作素菜的上好原料。

蘑菇

木耳

（三）木耳

木耳又称黑木耳、黑菜、光木耳、云耳、川耳等。其生于枯木，形似耳朵，色黑。子实体呈半透明的胶质状，朵面乌黑、光润，朵背略呈灰白色，朵形大，耳瓣富有弹性；初生时呈小杯状，长大后呈片状，边缘有皱褶。我国西南、中南、东北地区为其主要产区。木耳可人工栽培，目前我国木耳总产量居世界首位。

木耳按季节可分为春耳、秋耳、伏耳。春耳个体大而肥厚，伏耳朵大肉薄，秋耳朵小肉厚。木耳按朵形大小、耳瓣厚薄以及质地，可分为粗木耳和细木耳。粗木耳朵形大，耳瓣厚，体重质粗，品质差；细木耳耳瓣薄，体轻，质地细腻柔脆，品质优良。

1. 品质鉴别　优质木耳朵大适度，耳瓣略展，手捏易碎，朵面乌黑、有光泽，朵背略呈灰白色；

水泡后涨发率高,口感醇正无异味,有清香。

2.烹饪运用　木耳常为干制品,需要经过涨发方可使用。涨发好的木耳色泽乌黑、有光泽、质感脆嫩,味道鲜美。木耳在烹调中应用广泛,但刀工成形较少,可做主料,适合使用拌、炝等烹调方法,可制作拌木耳、炝木耳等菜肴;多作为辅料使用,如炒木樨肉、炒鱼片等菜肴。木耳具有天然的黑色,是一些菜肴中装饰点缀的好原料。

(四)金针菇

金针菇又称金菇、智力菇、朴菇、冻菌等。菌盖缩小如豆粒,上部呈黄白色或黄褐色,柄形细长如针,因此得名。菌柄为主要食用部位。金针菇分布于亚洲、欧洲和北美洲诸国。我国广泛栽培,主要分布于河北、山西、内蒙古、黑龙江、吉林、江苏、浙江等地。由于人工栽培,金针菇四季均产。

1.品质鉴别　看颜色,新鲜的金针菇颜色看上去应该很柔和,而且很饱满。看菇帽,新鲜的金针菇菇帽基本呈半球形,而且不会裂开。看长度,金针菇的长度一般在 15 cm 左右,品质好的金针菇长短差不多。闻气味,新鲜的金针菇带有清香的味道,如果闻起来有异味或有臭鸡蛋味一样刺鼻的味道,建议不要购买。

2.烹饪运用　金针菇味道鲜美,所含氨基酸种类齐全,有利于儿童智力发育,故有"智力菇"之称。金针菇多加工成罐头,在烹调中刀工成形较少,做主料时适合使用拌、炝、炒、烩、涮等烹调方法,可制作凉拌金针菇、炝金针菇、金针菇炒肉丝等菜肴。

金针菇

猴头菇

(五)猴头菇

猴头菇又称猴头蘑、猴头、猴菇等,因其形似猴头而得名。子实体呈扁球形,新鲜时呈白色,干燥后呈淡黄色。

猴头菇生于桦树等阔叶树的枯木或腐木上,有时也生于活树的受伤处,少数见于针叶树的枯木上。我国东北、华北、西南地区都有分布,以黑龙江小兴安岭及河南伏牛山区出产的野生猴头菇为佳。其现已有人工栽培,每年 7—8 月为猴头菇收摘旺季。

1.品质鉴别　优质猴头菇个头均匀,形状完整,无伤痕、残缺,茸毛齐全,色泽金黄,肉厚质嫩,无杂质、虫蛀,干燥。

2.烹饪运用　猴头菇是著名的食用菌类。鲜猴头菇可直接进行烹调加工,干制品则须先涨发。其在烹饪中,刀工成形多为厚片状,做主料时适合使用蒸、扒、煨、焖、炖等多种烹调方法,可制作白扒猴头菇、云片猴头、猴头菇扒菜心、香卤猴头菌、猴头菇炖排骨等菜肴。

(六)草菇

草菇在我国四川、云南、广西、广东、福建、湖南等地有分布,夏、秋季露出菌盖顶端时采收。

1.品质鉴别 优质草菇色泽明亮,味道清香,朵形完整,不散,无霉变,无泥土,无杂质。

2.烹饪运用 草菇入口柔脆爽滑,味道鲜美。草菇多以整形使用,加工前将草菇去头去蒂,用水净泡、洗净,沥去水。烹饪前须用沸水烫煮,然后用卤、炒、烧、烩、焖、煮等烹调方法制作菜肴。用草菇制作的菜肴有卤草菇、蚝油草菇、翡翠草菇、鸡油草菇、三鲜草菇、草菇蚝汁牛柳等。

草菇

平菇

(七)平菇

平菇按子实体的颜色可分为深色、浅色、乳白色和白色四大品种,我国各地均有产。

1.品质鉴别 优质平菇菌盖嫩而肥厚,气味醇正、清香,形状完整,味道鲜美,无杂质,无异味,无病虫害。

2.烹饪运用 平菇菌肉色白,鲜美、甘甜,有似鲍鱼或牡蛎的风味,口感嫩脆爽滑,经焯后可增加腴润的效果。平菇既可制作主料,又可用作配料,还可剁碎制作馅料。平菇适合使用拌、炒、烩、烧、酿、卤等烹调方法,广泛使用在冷盘、热菜和汤羹中。平菇还可制成罐头。用平菇制作的菜肴有素炒平菇、酱炒平菇肉丝、红油平菇鸡片、烩平菇、海米烧平菇、鼎湖上素等。

(八)竹荪

竹荪按形状分为长裙竹荪、短裙竹荪、红托竹荪三种,有野生和人工栽培两类。我国竹荪主产于云南、四川、广东、福建、河北、黑龙江、浙江等地。

1.品质鉴别 优质竹荪菌朵完整,色泽浅黄,长短均匀,体壮肉厚,质地细软,气味清香,干燥,无虫蛀。

2.烹饪运用 竹荪干制品烹制前须用淡盐水涨发,去除其具有臭味的菌盖和菌托。竹荪口感柔脆,有一种淡淡的幽香,可与多种原料用烧、酿、扒、烩、焖、氽等方法烹制,尤其适合做汤。竹荪调味以清淡为主,汤汁切忌浓腻重色,否则会使竹荪失去其本身风味。用竹荪制作的菜肴有竹荪芙蓉汤、红焖竹荪、竹荪烩鸡片、竹荪汽锅鸡、酿竹荪等。

竹荪

口蘑

(九)口蘑

口蘑是若干生长在草原上的食用菌的统称,以河北张家口为其集散地,故名口蘑。口蘑原为野生,现已有人工栽培品,主产于内蒙古和河北西北部,市场上有干制品和鲜品。除产地外,口蘑以干制品居多。野生口蘑一般产于秋季。

口蘑的品种主要有香杏口蘑、雷蘑等。其按商品分类有白蘑、青蘑、黑蘑、杂蘑四类。

白蘑:口蘑中的上品,色白,短粗,干燥硬实。泡出的汤为茶色,有浓郁香味。

青蘑:肉厚,色白略带浅绿;菌褶深粗,呈黑褐色或黄白色,菌柄长,香味浓。泡出的汤呈深茶色,略带红色。

黑蘑:菌盖中间稍呈凹陷状,呈黄色;菌褶、菌柄都呈淡黄色,带有黑色斑点,柄长。泡出的汤色深,带有黑色,香味淡。

杂蘑:菌盖边缘呈波纹状,淡黄色,菌褶呈黄色,菌柄呈淡黄色,有香味。

1.品质鉴别　观察色泽,口蘑本身呈白色略带灰色,同时要闻气味,如果闻到发酸、发臭的气味,绝对不能购买。注意观察口蘑大小,一般选择小的为好,直径最好不要超过 4 cm。观察菇盖,菇盖圆、表面光滑、边缘肉厚、形状比较完整、表面没有腐烂者为上品。观察菇柄,菇盖将菇柄紧紧包住者为上品,若菇盖与菇柄已经分离,可以看到里面的菌丝则为下品。观察菇柄的长短,菇柄粗短者较优,菇柄细长者质量差。

2.烹饪运用　口蘑是优良食用菌之一,其香气浓郁、鲜味醇厚,在烹调中可切丁、块或整形应用。做主料时,其适合使用卤、炒、扒、烧、炸、汆、蒸等烹调方法;做辅料时应用广泛,主要起提鲜作用。用口蘑制作的菜肴有软炸口蘑、卤口蘑、烧南北、口蘑烧牛肉、奶汤口蘑、烩鸭丁口蘑等。

(十)干紫菜

干紫菜是采集鲜品后经加工干制而成的干制品,形状因种类而异,有长卵形、披针形、圆形,边缘有齿。紫菜主要分布于辽东半岛、山东半岛、浙江、福建沿海,通常每年 12 月至翌年 5 月上市。

紫菜

紫菜种类较多,我国沿海主要产圆紫菜、坛紫菜、条斑紫菜、甘紫菜等。北方以条斑紫菜为主,南方则以坛紫菜为主。紫菜的干制品主要有饼菜和散菜两种,福建、浙

Note

江生产的紫菜饼多为圆形,江苏生产的紫菜饼多为长方形。

1. 品质鉴别 优质干紫菜为紫黑色或紫红色,表面光滑、滋润、有光泽,片薄平整,大小均匀,入口味鲜不咸,有紫菜特有的清香,质嫩体轻,无泥沙、杂质,干燥。

2. 烹饪运用 烹制干紫菜最简单的方法就是氽汤。紫菜虽是植物,但有海产品特有的鲜香气味,因此也可采用拌、炝、蒸、煮、烧、炸等烹调方法。干紫菜既可作为主料、配料,又可作为包卷料、配色料等。干紫菜经水烫,拌以调味品,是佐餐的可口小菜;紫菜片、蛋皮加上鱼、虾茸,经卷制成云彩形、如意形,蒸后即云彩紫菜卷、如意紫菜卷;在红烧羊肉将熟时,加一些干紫菜,吃起来别有一番风味。用干紫菜制作的菜肴有海米拌紫菜、紫菜蛋卷、紫菜炒鸡蛋、三丝紫菜汤、鱼丸紫菜汤等。

（十一）发菜

发菜主产于我国青海、宁夏、陕西、甘肃和内蒙古等地区的荒滩上,每年11月至翌年5月为采收季节。发菜除产地有鲜品供应外,多加工成干制品上市。

1. 品质鉴别 优质发菜色泽乌黑,外形整齐,发菜丝长约10 cm,干净无杂质。

2. 烹饪运用 发菜经温水浸泡膨胀,凉开水冲洗干净后即可供烹饪使用。发菜具有弹性,耐蒸煮,质爽滑,可用拌、炒、烩、蒸等烹调方法,广泛应用于凉菜、热菜、汤菜及火锅中。因其自身无鲜味,需配以鲜味原料或鲜汤赋味。发菜调味适应面广,可用于制作甜羹。此外,发菜还可用于制作馅料、臊子。因其又是烹饪原料中少见的黑色原料,可做花式拼盘或菜肴配色、装饰料。用发菜制作的菜肴有拌发菜、绣球发菜、三丝发菜羹、发菜蚝豉煲猪手、发菜银杏乳鸽皇、发菜素鱼肚、金钱发菜、发菜鱼丸汤、发菜蚝豉汤、发菜莲子羹。

发菜

海带

（十二）干海带

海带主产于我国山东半岛和辽东半岛及浙江、福建沿海,夏季上市,产地多鲜品,商品海带多为干制品。

1. 品质鉴别 优质海带体质厚实、宽长、干燥,呈浓黑色或浓褐色,尖端及边缘无碎裂或黄化现象,无泥沙、杂质。淡干海带较盐干海带质量好,易于保存。优质海带丝色深、质净、丝细、身干。

2. 烹饪运用 海带切丝后,可加调味品直接拌成冷菜,也可与其他原料用卤、炒、烩、炖、煮等方法烹制成菜,油炸可制海带松,焖煮可制酥海带,剁碎可做馅料包饺子、包子等。用海带制作的菜肴有凉拌芝麻海带、糖渍海带、酥海带、蒸海带卷、海带烧肉、蚝豉海带汤、海带冬瓜汤等。

任务 3

干货类原料的品质鉴别与储存

一、干货类原料的品质鉴别

（一）干爽、不霉烂

干爽、不霉烂是衡量干货类原料质量的首要标准。原料经干制后一方面质地变硬、变脆，另一方面又使原来的细密组织变得多孔，加之原料中还含有很多吸湿成分，有很强的吸湿性，一旦空气湿度过大，干货类原料便会吸湿变潮，发生霉烂变质。

（二）整齐、均匀、完整

整齐、均匀、完整也是衡量干货类原料质量的一个重要标准。同一种干货类原料往往因新鲜原料在采摘、收集的过程中大小不一，干制时选料要求、加工方法以及保管运输情况的不同，在外观上会产生较大的差别。干货类原料越整齐、越完整，其质量越好。如干贝颗粒均匀、不碎，质量就好些；个体大小不一，质量就次些。

（三）无虫蛀、无杂质，保持固有的色泽

干货类原料在储存中，由于条件不好而发生虫蛀、鼠咬，或在加工中没有清除杂质或清除不彻底，或混入的杂质太多，都会影响干货类原料的质量。另外，每一种干货类原料都有一定的色泽，一旦色泽改变，即说明品质发生了变化，也会影响干货类原料的质量。因此，干货类原料干燥、不变色，无虫蛀，无杂质，保持正常颜色，其质量就好。

二、干货类原料的储存

干货类原料不同于新鲜原料，其特点是含水量较低，一般含水量控制在 10%～15% 之间，故能延长储存时间。但是，如果储存不当，也会使干货类原料受潮、发霉、变色，影响或导致其丧失食用价值。为了确保干货类原料的质量，应达到如下储存要求。

（1）储存环境应通风、透气、干燥、凉爽，还要避免阳光长时间照射。这是储存好干货类原料的基本条件。低温通风、透气能避免干货类原料受闷生虫，低温干燥能防止干货类原料受潮发霉、腐败。

（2）一些气味较重的干货类原料，应分开储存，否则会互相串味，影响食用。如动物性水生干制品大多有一股海腥味,因而不能与其他陆生干制品混合储存。再如动物性陆生干制品有些有较重的臊味,因而不能与植物性干制品混合储存。合理的储存方法为将各种干货类原料分别进行储存,既符合卫生要求,又保证了干货类原料的质量。

(3)对于质地较脆的干货类原料,应减少翻动,轻拿轻放,上面不能压重物。

(4)要有良好的包装和防腐、防虫设施。干货类原料常用的包装物为木桶、木箱、纸箱等。为进一步防潮,可以在包装盒内垫防潮纸或塑料纸,既防潮又密封,效果较好。

(5)勤检查。一旦发现有变质的干货类原料,应及时清除,防止相互污染,造成不必要的损失。在连续阴雨或库房湿度增高的情况下,应经常将干货类原料放置于阳光下曝晒,以保持干货类原料干燥,防止变质。另外,因干货类原料原有品质不一致,即使同一类干货类原料,其耐储存性能也有差别,必须做到勤检查,防止造成不必要的损失。

 课后练习

简答题

1.如何挑选质量较好的干货类原料?

2.干货类原料在储存时要注意哪些事项?

在线答题

项目 8
调味品类原料

【学习目标】

1.学习并掌握调味品类原料的基础知识。

2.学习并掌握调味品类原料的分类及烹饪运用。

3.学习并掌握调味品类原料的品质鉴别与储存。

【项目导入】

调味品是一种辅助食品,主要功能是增进菜品质量,增加菜肴的色、香、味,满足消费者的感官需要,从而刺激食欲、增进人体健康。海南人饮食讲究食物的原汁原味,清淡是主要基调,也用调味品提味、增鲜,反衬清淡的纯美,或消解炎热。有益于健康始终是海南人饮食的追求。

扫码看课件

调味品类原料的基础知识

　　调味品类原料是指能提供和改善菜点味感的一类物质。菜点的味感是评判菜点质量高低的一个重要方面。美味的菜点不但能刺激人的食欲,而且能促进消化液的分泌,有利于食物的消化吸收。

　　调味品类原料是决定菜点风味的关键原料,虽然用量不大,但应用广泛、变化丰富。调味品类原料的呈味成分连同菜点主、配料的呈味成分一起,共同形成了菜点的不同风味特色。除了给菜点提味、矫味和定味外,调味品类原料还可增进菜点色泽,有的还具有杀菌、保色、保脆嫩、改变原料质地等作用。

任务 2

调味品类原料的分类与烹饪运用

一、咸味调味品

咸味是一些中性无机盐溶于水或唾液后显示出的味道。在这些盐类物质中，只有氯化钠的咸味最为醇正，其他的盐类咸味不纯正，有的还呈现出苦味或涩味等不良风味。所以，咸味调味品是指食盐以及加有食盐的调味品。

咸味是一种非常重要的基本味，在调味中起着举足轻重的作用。烹饪中除了少数甜点、甜菜外，大多数菜肴、汤品、面点要使用咸味调味品。

烹饪中常用的咸味调味品有食盐和经微生物发酵活动产生的发酵性咸味调味品，如酱油、豆豉、酱类以及风靡日本的纳豆、味噌等。

（一）食盐

食盐是基础咸味调味品，即将原盐（粗盐、大盐）经过洗涤、精制而成，主要成分是氯化钠。其按来源不同可分为海盐、井盐、池盐、岩盐、湖盐等。根据人们的生理需要，可在精盐中添加某些矿物质制成营养盐，如碘盐、锌盐、铁盐、铜盐等；也可加入其他调味品制成使用方便、功能性强的各种复合盐，如香菇盐、海鲜盐、香辣盐等。

食盐

食盐的作用如下。

（1）赋予菜点基本的咸味。为突出菜点的风味特色以及从生理需要角度来讲，应灵活掌握菜点中食盐的用量。

（2）少量食盐有助酸、助甜、提鲜和降苦味的作用。

（3）在制作肉茸、鱼茸、虾茸时，加入适量的食盐进行搅拌，可提高蛋白质的水化作用，增强肉茸的黏性，使之柔嫩多汁。

（4）在面团中加入适量食盐，可促进面筋的形成，增高面团的弹性和韧性，所以在调和饺子皮、拉面、刀削面、春卷皮、面包的面团时要适当加入少量食盐。

（5）利用食盐产生高渗透压，可改变原料质感、去除多余水分、浸出肉汁等；可制作腌肉、腊肉、渍菜、腌菜等具有特色风味的加工制品，也可防止原料的腐败变质。

（6）食盐可作为传热介质，常用来炒制需涨发的干货类原料，或用于盐焗类菜肴（如盐焗鸡及盐炒类食品的制作。

(二)酱油

酱油是一种颇具亚洲特色的调味品,是我国传统的咸味调味品。由于原料和生产工艺的不同,酱油形成了丰富的品种。根据状态的不同,酱油可分为液体酱油、固体酱油、粉末酱油。根据加工方法的不同,酱油可分为酿造酱油、化学酱油和复合酱油。

1. 酿造酱油　酿造酱油是指以大豆、小麦、麸皮等为原料,经微生物发酵和人工调色调味配制而成的具有独特色、香、味以及营养价值的咸味调味品。广东地区将不加焦糖增色的酱油称为"生抽",而加焦糖增色的称为"老抽"。此外,沿海一带将用小鱼、小虾酿造的略带腥味的酱油称为鱼露;若用河蚌肉酿造,则称为蚌汁酱油,鲜味极强;还有用动物血液酿造的动物蛋白酱油等。如在酿造过程中加入其他动物或植物性原料,则可制成具有特殊风味的加料酱油,如草菇老抽王、香菇酱油、五香酱油、口蘑酱油等。

2. 化学酱油　化学酱油又称"白酱油",是利用氯化氢水解豆饼中的蛋白质,然后用碱中和,经煮焖加盐水,压榨过滤取汁液,最后加焦糖增色制成的。此类酱油有鲜味,但缺乏芳香味,多用于需保色的菜肴中,如白蒸、白拌、白煮等。

3. 复合酱油　复合酱油又称复制红酱油,是在酱油中加入红糖、八角、山柰、草果等调味品,用微火熬制,冷却后加入味精制成的。其可用于冷菜和面食的调味。

酱油在烹调中可为菜肴赋咸增鲜,还可增色、增香、去腥解腻,多用于冷菜调味和热菜的烧、烩菜品中。一般色深的酱油多用于加热烹调。

酱油

豆豉

(三)豆豉

豆豉是将大豆经浸泡、蒸煮后,用少量面粉、酱油、香料、盐等拌和,经霉菌发酵而制成的颗粒状调味品。豆豉按形态分为干豆豉、水豆豉,按口味分为咸豆豉、淡豆豉、臭豆豉,按发酵生物分为霉菌型豆豉、细菌型豆豉,按加工原料分为黑豆豉和黄豆豉。

我国的豆豉多生产于长江流域及其以南地区,名品有江西泰和豆豉、湖南浏阳豆豉、四川永川豆豉、河南开封豆豉和山东临沂豆豉等。选择干豆豉时以颗粒饱满、色泽褐黑或褐黄、香味浓郁、甜中带鲜、咸淡适口、油润质干者为佳。

豆豉广泛应用于中式烹调中,起提鲜、增香、解腻、赋色、点缀的作用,在蒸、烧、炒、拌的菜肴中常用,如豉汁排骨、回锅肉、凉拌兔丁、黄凉粉。也可拌上麻油及其他佐料作为助餐小菜。豆豉在运用中需根据菜肴的要求整用或剁成茸状,用量不宜过多,否则会压抑主味。

(四)豆酱

豆酱又称大酱,是以豆类为主要原料,经清洗、除杂、浸泡、蒸熟后,拌入小麦粉,接种曲霉发酵10天左右,最后加入盐水搅拌均匀而成的。豆酱主要有黄豆酱,成品较干时为干态黄豆酱,较稀时为稀态黄豆酱;以蚕豆加工而成的为蚕豆酱;以豌豆及其他豆类酿制的为杂豆酱。优质豆酱应呈黄褐色或红褐色,鲜艳,有光泽,豆香浓郁,具酱香和酯香,甜度较低,无异味。烹饪中豆酱常用于酱烧菜、酱肉馅等的制作,也可直接或经加工后作为佐餐的蘸料,如大葱酱、干豆腐蘸酱。此外,黄豆酱常用于卤汁和酱汤的调味及调色。

豆酱

面酱

(五)面酱

面酱又称甜酱、甜面酱,是我国传统的调味品类原料之一,即以面粉为主要原料,经加水成团、蒸熟,配以适量水,经曲霉发酵而制成的酱状调味品。面酱以色泽金红、味道鲜甜、滋润光亮、酱香醇正、浓稠细腻者为佳。一般用于烧、炒、拌类菜肴,有增香、增色、解腻的作用,如酱爆肉丁、酱肉丝、酱烧冬笋、回锅肉等;可调制味碟,如食用北京烤鸭、香酥鸭时;可用于馅心、面码的制作,如杂酱包子、炸酱面;可用于加工酱腌和酱卤制品,如酱菜、酱猪肉、酱牛肉。

二、甜味调味品

甜味是一种能独立呈味的基本味感。呈现甜味的物质除了单糖、双糖外,还有糖醇、氨基酸、肽及人工合成的物质,如果糖、蔗糖、麦芽糖、二肽糖、甘草糖、甜叶菊糖、糖精等。不同甜味调味品的甜度不同,一般将蔗糖的甜度定为100,则麦芽糖的甜度为32～60,果糖为114～175,葡萄糖为74,半乳糖为32,乳糖为16。各种甜味调味品混合使用,有互相提高甜度的作用;适当加入甜味调味品可降低酸味、苦味和咸味;甜味的强弱与甜味调味品所处的温度有很大关系;利用甜味调味品物理性状的改变,可增加菜肴的光泽和使菜肴着色。

(一)食糖

食糖是从甘蔗、甜菜等植物中提出的一种甜味调味品,其主要成分是蔗糖。根据外形、色泽及加工方法的差异,食糖通常分为红糖、赤砂糖、白砂糖、绵白糖、方糖、冰糖等品种。

食糖在烹饪中有着广泛的运用。

（1）食糖可为菜肴、面点等赋甜、增甜。

（2）食糖具有和味的作用。

（3）在腌制肉中加入食糖可减轻加盐脱水所致的老韧，保持腌制肉的嫩度。

（4）利用蔗糖在不同温度下的变化，可制作挂霜、拔丝菜肴、琉璃类菜肴以及一些亮浆菜点和糖花。

（5）利用糖的焦糖化反应制作糖色，为菜点上色。

（6）高浓度的糖溶液有抑制和杀死微生物的作用，可用糖渍、糖腌的方法保存原料。

（7）在发酵面团中加入适量的糖可促进酵母发酵，并可调节面筋的胀润度，增高面团的可塑性，增加香味和色泽，延长保质期。

（8）食糖的装饰作用很强，如砂糖粒晶莹的质感、糖粉洁白如霜，撒在或覆盖在菜品表面可起到装饰和美化的作用。

（9）以食糖为原料制成的膏料、半成品，如奶白膏、白马糖等装饰料，可用于西饼的装饰。

（10）食糖可用于中、西式面点馅心的调制，如糖包子、水晶饼。

（11）红糖、冰糖可用于滋补食品、保健菜点、药酒的制作。

食糖

（二）糖浆

糖浆是指呈黏稠糊状或液状的甜味调味品。常见的有饴糖、淀粉糖浆和葡萄糖浆等。呈味物质主要有麦芽糖、葡萄糖、果糖及一些低聚糖。糖浆具有良好的持水性（吸湿性）、上色性和不易结晶性。在烹饪运用中，糖浆可作为菜点的甜味调味品，使用方便；用于烧烤类菜肴上色、增加光亮，刷上糖浆的原料经烤制后枣红光亮、肉味鲜美，如烤乳猪、烤鸭、叉烧肉等；用于糕点、面包、蜜饯等的制作，起上色、保持柔软、增甜等作用，但酥点的制作一般不用糖浆。

糖浆

蜂蜜

（三）蜂蜜

蜂蜜是由蜜蜂采集植物的花蜜酿造而成的天然甜味食品，主要成分为葡萄糖、果糖、含氮物质、矿物质以及有机酸、维生素和多种酶类，是营养丰富且具有良好风味的天然果糖浆，有补益润燥、调理脾胃等功效。选择蜂蜜时以色泽白黄、半透明、水分少、味醇正、无杂质、无酸味者为好。蜂蜜的色、香、味因蜜源不同而略有差别。有的蜂蜜在温度较低时葡萄糖易结晶析出而产生白色的结晶性沉淀，如油菜花蜜、豆类花蜜等。

蜂蜜可直接食用,也常用于糕点制作中,制品松软爽口、质地均匀、富有弹性、不易翻硬,并有增白的作用;或用于蜜汁菜肴的制作中,以产生独特的风味,如蜜汁藕片、蜜汁白果、蜜汁火方。此外,蜂蜜亦可用于涂抹食物和作为蘸料,用于佐食面包、馒头、粽子、凉糕等。

三、酸味调味品

自然界的酸性物质大多来自植物性原料,也有通过微生物发酵活动产生的。酸味的味觉主要是由于酸味物质分离出氢离子刺激味觉神经而产生的。酸味不能单独呈味,但却是调制多种复合味的基本味。加入适量的酸味调味品,可使甜味、咸味减弱。中、西餐烹调中常用的酸味调味品有食醋、酸橘、番茄酱、柠檬、树莓、山楂酱、水瓜柳、酸菜汁和酸奶、酸性奶油等。

(一)食醋

食醋是利用微生物发酵或采用化学方法配制而成的液状酸味调味品。由于生产的地理环境、原料与工艺不同,出现了许多不同风味的食醋。随着人们对食醋认识的加深,食醋已从单纯的调味品发展成为烹调型、佐餐型、保健型和饮料型等系列。

食醋

1. 粮食醋　粮食醋是用大米、小麦、高粱、小米、麸皮等为原料经微生物发酵酿制而成的酸味调味品,为我国主要的传统发酵醋。除含 5%～8% 的醋酸外,其还含有乳酸、葡萄糖酸、琥珀酸、氨基酸、酯类及矿物质和维生素等对身体有益的成分。优质的粮食醋色泽为琥珀色或红棕色,酸味柔和,有鲜味,香气浓郁,醋液澄清,浓度适中,无杂质和悬浮物。常见的名醋有山西老陈醋、四川麸醋、镇江香醋、浙江玫瑰米醋等。

2. 果酒醋　果酒醋是以果汁、果酒为原料经微生物发酵酿制而成的酸味调味品。世界上许多国家生产果酒醋,如我国的柿醋、鸭梨醋、凤梨醋、苹果醋等。

3. 白醋　白醋一般特指无色透明的食醋,主要有酿造白醋、合成醋和白酒醋等。

酿造白醋以大米为原料经微生物发酵而成。成品清澈透明,酸味柔和,醋香味醇厚。我国福建、丹东等地生产的酿造白醋较为著名,如丹东白醋、福建白米醋、山西白醋。

合成醋又称化学醋,是将冰醋酸加水稀释后添加食盐、食糖、味精、有机酸和香精等配制而成的白醋。其酸味较强,风味较差,香味单调,刺激性较大。

白酒醋是以低度白酒或食用酒精加水冲淡为原料,只经醋酸发酵而得的白醋。

白醋主要用于本色菜肴或浅色菜肴的赋酸,亦用于色拉酱的调制。此外,在原料的去腥除异、防止褐变等方面,白醋也有很好的作用。

食醋可起赋酸、增鲜和增香的作用,是调制酸辣、糖醋、鱼香、荔枝等复合味型的重要原料,同时也可为菜肴赋色;具有解腻作用,可增进食欲、开胃;具有杀菌、去腥除异的作用;可减少原料中维生素 C 的损失;可保持蔬菜的脆嫩;可防止植物性原料的褐变;具有嫩肉作用。由于醋酸易挥发,在热菜烹制时应注意加入的时间。

（二）酸橘

酸橘是海南本地野生种，为芸香科常绿小乔木，味极酸。酸橘也称青金橘，大小如男人的大拇指般，在海南的餐桌上随处可见，不管是火锅店、中餐厅还是海鲜店，都是不可或缺的一味调味品。酸橘通常用作烹饪佐料，在海南当地通常用作白切鸡、白切鸭、白切鹅的点蘸佐料，味极酸，一般不做鲜食。在酸橘上市期间，可挑选青色的、饱满的、感觉有弹性的果实浸泡酸橘酒。

酸橘

番茄酱

（三）番茄酱

番茄酱是一种酸味调味品，即将成熟的番茄经破碎、打浆、去除皮和籽等粗硬物质后，浓缩、装罐、杀菌而成的酸味调味品。成品色泽红艳、味酸甜，含干物质 22%～30%。若干物质含量少于 20%，则称为番茄浆。若干物质含量为 25%～33%，并在加工过程中添加了果酸、食糖、食盐、香料等配料，则称番茄沙司。选择时以色泽红艳、味酸甜、番茄风味突出、质地细腻、无杂质者为佳。

番茄酱是西餐尤其是意大利菜点制作中不可或缺的酸味调味品，具有赋色、赋酸、增果香的作用，广泛用于烧炖菜、制汤、调制番茄沙司等。在中餐烹饪中，番茄酱主要用于甜酸味浓的茄汁味型菜品中。在冷菜中常用于糖黏和炸收菜品，如茄酥花生、茄汁排骨等；在热菜中常用于炸熘和干烧菜品，如茄汁瓦块鱼、茄汁冬笋等。

应用时需注意：番茄酱用前需小火炒制，使其色泽红艳、风味突出。此外，若酸味不够，可添加少量柠檬酸补足。

四、辣味调味品

辣味是通过对人的味觉器官强烈的刺激使人所感受到的独特的辛辣和芳香味。辛辣味主要由辣椒碱、胡椒脂碱、姜黄酮、姜辛素等产生。辣味在烹调中不能单独存在，需与其他味配合，才能使用。用辣味调味品烹制的菜肴别具风味，如我国的川菜、湘菜，均以此而闻名，为人们所喜爱。辣味调味品种类很多，主要有辣椒、胡椒、花椒、芥末、咖喱粉等。其中，辣椒制品主要有干辣椒、辣椒粉、辣椒油、辣椒酱、泡辣椒等。

（一）辣椒

辣椒是目前世界上普遍栽培的茄果类蔬菜，能增进食欲、增加唾液分泌及淀粉酶活性，也能促进血液循环,增强机体的抗病力。

1.品种　辣椒鲜果可做蔬菜或辣椒酱,或做泡辣椒;老熟果经干燥即成干辣椒,磨粉可制成辣椒粉。

辣椒

(1)干辣椒:又称干海椒,用新鲜尖头辣椒的老熟果晒干而成。其果皮带革质,干缩而薄,外皮为鲜红色或红棕色,有光泽,辣中带香。我国各地均产,主产于四川、湖南,品种有朝天椒、线形椒、羊角椒等。

(2)辣椒粉:又称辣椒面,是将干辣椒碾磨成粉状的一种调味品。因辣椒品种和加工方法不同,品质有差异,选择时以色红、质细、籽少、香辣者为佳。

(3)辣椒油:又称红油,是用油脂将辣椒粉中的呈香、呈辣和呈色物质提炼出来制成的油状调味品。成品色泽艳红,味香辣而平和,是广为使用的辣味调味品之一。

(4)辣椒酱:常用的辣味调味品,即将鲜红辣椒剁细或切碎后,再配以花椒、盐、植物油脂等,装坛发酵而成,为制作麻婆豆腐、豆瓣鱼、回锅肉等菜肴及调制"家常味"必备的调味品之一。使用时需将辣椒剁细,并在温油中炒香,以使其呈色、呈味更佳。

(5)泡辣椒:常以鲜红辣椒为原料,经乳酸菌发酵而成。四川民间制作泡辣椒时常加入活鱼,故又称鱼辣椒。成品色鲜红、质地脆嫩,具有泡菜独有的鲜香风味。

2.烹饪运用　辣椒制品都能增加菜肴的辣味,因品种不同,运用略有差异。干辣椒具有去腥除异、解腻增香、提辣赋色的作用,广泛用于各式菜肴的制作;辣椒粉不仅可以直接用于各种凉菜和热菜的调味,而且可以用于粉末状味碟的配制,还是加工辣椒油的原料。辣椒油广泛用于拌、炒、烧等技法的菜肴和一些面食品种的制作。在制作不同辣味菜肴时也常用到辣椒油,可用其调制麻辣味、酸辣味、红油味、怪味等。泡辣椒是制作鱼香味菜肴必用的调味品。食用时需将种子挤出,然后整用、切丝或切段后使用。

烹饪中使用辣椒,应注意因人、因时、因物而异的原则,中青年对辣味一般较喜爱,老年人、儿童则少用。秋、冬季寒冷,气候干燥,当多用;春、夏季气候温和、炎热,当少用;清鲜味浓的蔬菜、水产当少用,而牛、羊肉等腥膻味重的原料可以多用。

(二)胡椒

胡椒又称大川、古月,以其干燥果实及种子供调味用。其原产于热带,在我国主要产于华南及西南地区。

胡椒

1.品种　由于采摘的时机和加工方式的不同,胡椒主要分为黑胡椒和白胡椒两类。

(1)黑胡椒:将刚成熟或未完全成熟的果实采摘后,堆积发酵1～2天,当颜色变成黑褐色时干燥而成。其气味芳香,味辛辣,以粒大饱满、色黑皮皱、气味强烈者为佳。

(2)白胡椒:将成熟变红的果实采摘后,经水浸去皮、干燥而成。其辛辣味足,以个大、粒圆、坚实、色灰白、气味强烈者为佳。

此外,还有绿胡椒和红胡椒。绿胡椒是将未成熟的果实采摘后,浸渍在盐水、醋中或冻干保存而得。红胡椒是将成熟的果实采摘后,浸渍在盐水、醋中或冻干保存而得。

2. 烹饪运用　胡椒有粒状、碎粒状和粉状三种使用形式。粒状胡椒多压碎后用于煮、炖、卤等烹调技法中;亦可压碎成碎粒状,如西餐中常使用的黑胡椒。胡椒多加工成胡椒粉,但胡椒粉的香辛气味易挥发,多用于菜点起锅后的调味。西餐中,为了使胡椒粉的味道更浓烈,常将其装入专门的胡椒研磨瓶中现磨现用。

胡椒具有赋辣、去腥除异、增香提鲜的作用,适用于咸鲜或清香类菜肴、汤羹、面点中,如清汤抄手、清炒鳝糊、白味肥肠粉、煮鲫鱼汤等。胡椒也是热菜酸辣味的主要辣味调味品。

在西餐中,胡椒主要用于肉类、汤类、海鲜类菜肴以及酱汁中。在西餐中,海鲜和白肉的调味多用白胡椒,红肉的调味多用黑胡椒。

(三)花椒

花椒位列调味品"十三香"之首,原产于中国,华北、华中、华南地区均有分布,以四川产的最好,以河北、山西产量较高。

1. 品种　花椒品种有山西的小椒、大红袍、白沙椒、狗椒,陕西的小红袍、豆椒,四川的正路花椒、金阳花椒等。花椒有伏椒和秋椒之分。伏椒七八月成熟,品质较好;秋椒九十月成熟,品质较差。

在烹调中,花椒除颗粒状外,常加工成花椒粉、花椒油或花椒盐等形式使用。

2. 品质鉴别　优质花椒色泽光亮,皮细均匀,味香麻,身干籽少,无苦臭异味,无杂质。

3. 烹饪运用　花椒具有去异味、增香味的作用,无论小菜、四川泡菜,还是以鸡、鸭、鱼、羊、牛等为原料的菜肴均可用到它。川菜中花椒运用最广,形成四川风味的一大特色。花椒与盐炒熟成椒盐,香味四溢,可用于腌鱼、腌肉及风鸡、风鱼的制作;捣碎的椒盐用作干炸、香炸类菜肴的蘸料,香味别致。花椒粉和葱末、盐拌成的葱椒盐,可用于叉烧鱼、炸猪排等菜肴加热前的腌渍。用油炸花椒而成的花椒油,常用于凉拌菜肴中。炖羊肉放点花椒可以增香、去腥膻。花椒还常与大茴香、小茴香、丁香、桂皮一起配制成五香粉,在烹饪中运用更广。

花椒

芥末

(四)芥末

芥末又称芥子末,为芥菜成熟种子碾磨而成的一种粉状调味品。芥末种子呈球形,多为黄色,干燥,无臭味,味辛辣,粉碎湿润后发出冲鼻的辛烈气味。芥末粉有淡黄色、深黄色、绿色之分,新研磨出来的芥末粉呈浅绿色,有黏性,散发出清新、辛辣的味道。常用的加工制品有芥末粉、芥末油和芥末酱等。芥末不宜长期存放,芥末酱(或芥末膏)在常温下应避光防潮、密封保存,保质期为 6 个月左右;当芥末油油脂渗出并变苦时不宜继续食用。我国各地均产芥末,河南、安徽产量较大。

1. 品质鉴别 优质芥末油性大,辣味足,香气浓,无霉变,无杂质。

2. 烹饪运用 芥末辛辣味较足,既有很强的解毒功能,又可以起到杀菌和消毒的作用,故生食三文鱼等海鲜食品时经常会配上芥末。如在芥末中添加适量食糖或食醋,则能缓冲辣味,使其风味更佳。芥末可用作泡菜、腌渍生肉的调味品,还可将动物性原料煮熟改刀后与芥末酱等调味品拌食,风味颇佳;但调味时应控制芥末用量,量大伤胃。用芥末调味的菜肴有芥末肚丝、芥末鸭掌、芥末生鱼片等。

(五)咖喱粉

咖喱粉是用胡椒、肉桂之类的芳香性植物捣成的粉末,和水、酥油混合而成的糊状调味品,以印度所产最为有名。

咖喱粉因配方不一,可分为强辣型、中辣型、微辣型,各型中又分高级、中级、低级三个档次。咖喱粉虽然各家配方、工艺不同,但就其香辛料构成来看有 10～20 种,并分为赋香原料、赋辛辣原料和赋色原料三种类型。赋香

咖喱粉

原料有肉豆蔻及其衣、芫荽、小茴香、小豆蔻、月桂叶等,赋辛辣原料有胡椒、辣椒、生姜等,赋色原料有姜黄、郁金、陈皮、藏红花、红辣椒等。其中姜黄、胡椒、芫荽、生姜、番红花为主要原料,尤其是姜黄必不可少。

咖喱粉的颜色为金黄色至深黄色,味道辛辣,香气浓郁。它的香气是各种原料的香气混合而统一后的综合型香气。它是烹饪中的一种特殊香味调味品,适用于多种原料和菜肴,中餐和西餐中均能用,可用其制作咖喱牛肉、咖喱鸡块、咖喱鱼、咖喱饭等。使用时可直接将咖喱粉放入菜肴中,也可调浆煸炒后再加其他原料烹制,还可做成调味汁,用于冷菜、面点、小吃,或用植物油加葱花与咖喱粉熬成咖喱油,使用更方便。在烹饪中正确使用咖喱粉,可使菜肴的色、香、味等均获得令人满意的效果。

五、鲜味调味品

鲜味物质广泛存在于动、植物性原料中,如畜肉、禽肉、鱼肉、虾类、蟹类、贝类、豆类、菌类等原料。鲜味是一种优美适口、激发食欲的味觉体验。咸味、甜味、酸味、苦味是四种基本味感,而肉类、菌类等所具有的鲜味,不属于基本味。鲜味不能独立存在,需要在其本味的基础上才能发挥出来。

鲜味可使菜点风味变得柔和、诱人,能促进唾液分泌,增进食欲,所以在烹饪中,应充分发挥

Note

鲜味调味品和主、配料自身所含鲜味物质的作用,以达到最佳效果。鲜味物质存在较明显的协同作用,即多种鲜味物质的共同作用,要比一种鲜味物质的单独作用强。

烹调中,常用的鲜味调味品有从植物性原科中提取的或利用其发酵作用产生的,主要有味精、蘑菇浸膏、素汤、香菇粉、腐乳汁等;有利用动物性原料产生的,如鸡精、牛肉精、肉汤、蚝油、虾油、蛏油、鱼露、蚌汁和海胆酱等。除普通味精由单一鲜味物质组成外,其他鲜味调味品基本上都是由多种鲜味物质组成的,鲜味独特而持久。

(一)味精

1.品种 现在味精的品种较多,一般将其分为四大类。

(1)普通味精:主要鲜味成分是谷氨酸钠。

(2)强力味精:即特鲜味精,是在普通味精的基础上加入肌苷酸或鸟苷酸钠而制成的,其鲜味比普通味精强几倍到几十倍。

(3)复合味精:由普通味精或强力味精再加入一定比

味精

例的食盐、牛肉精、猪肉精、鸡精等,并加适量的牛油、虾油、鸡油、辣椒粉、姜黄等香辛料而制成。不同比例可制成不同种类、鲜味各异、不同风味的味精。复合味精常用于汤、方便面、方便蔬菜、方便米饭等各种快餐食品中。

(4)营养强化味精:向普通味精中加入一般人群或特殊人群容易缺乏的营养成分而制成,如维生素 A 强化味精、中草药味精、低钠味精等。

2.品质鉴别 优质味精色白、味鲜,颗粒均匀,干燥,无杂质,以谷氨酸钠含量高的粮食味精为佳。

3.烹饪运用 味精的主要作用是增加菜点鲜味,烹调时应注意其使用量、适宜溶解温度及投放时机。最适宜的使用量(即浓度)为 0.2%~0.5%,最适宜的溶解温度为 70~90 ℃,最适宜的投放时间为菜肴即将成熟时或出锅前。烹调时还需注意以下几点。

(1)碱性强的食品不宜使用味精。因谷氨酸钠中的钠活性高,易与碱反应后产生具有不良气味的谷氨酸二钠,从而失去调味作用,所以在以碱性较强的海带、鱿鱼等原料制作的菜肴中不宜添加味精。

(2)酸味类菜肴不宜使用味精。味精遇酸不易溶解,酸性越强,味精溶解度越低,所以加入味精起不到增鲜的效果。

(3)味精只有在 70 ℃以上才能充分溶化,故做凉拌菜不宜直接加味精(可事先用少量温开水化开,再浇到凉菜上调和)。

(4)做馅心时不宜放味精。不论蒸还是煮,食物都会受到持续的高温,这会使味精变性,失去调味的作用。

(5)鲜味丰富的原料(如蘑菇、香菇、鱼、虾等)不宜使用味精。因为它们本身已经具有一定的鲜味,加入味精后反而不能突出原料本味。

(二)蚝油

蚝油是以牡蛎肉为原料,通过不同方法制得的黏稠液状鲜味调味品。按加工技法不同,蚝油可分为三种:一是加工牡蛎干时煮成的汤,经浓缩制成的原汁蚝油;二是以鲜牡蛎肉捣碎、研磨后,取汁熬成的原汁蚝油;三是将原汁蚝油改色、增稠、增鲜处理后制成的精制蚝油。根据加盐量的多少,蚝油分淡味蚝油和咸味蚝油两种。

1.品质鉴别 优质蚝油色泽棕黑,汁稠、滋润,鲜香浓郁,无异味,无杂质。

2.烹饪运用 蚝油在烹饪中的主要作用是提鲜、增香、调色。蚝油既可用于炒菜,又可用于炖肉、炖鸡及红烧鸡、鸭、鱼等,滋味异常鲜美;蚝油还可用作味碟,供煎、炸、烤、涮等方法烹制出的菜肴佐味使用。蚝油为咸鲜味调味品,烹调时既要把握好其他咸味调味品的用量,又不宜加热过度,否则会降低鲜味。蚝油一般应在菜肴即将出锅时趁热加入。蚝油参与调味的菜肴有蚝油牛肉、蚝油生菜、蚝油鸡片、蚝油鲍鱼等。

蚝油

鱼露

(三)鱼露

鱼露是以小鱼、小虾为原料,经腌渍、发酵、晒炼并灭菌后得到的一种味道极为鲜美的液状调味品,又称鱼酱油、鱼卤、虾油、虾卤油等。鱼露发源于广东潮汕,与潮汕菜脯、酸咸菜并称"潮汕三宝"。

鱼露呈琥珀色,味道咸而带有鱼类的鲜味,主产于我国的福建、广东、浙江、广西等地及东南亚各国。

1.品质鉴别 优质鱼露澄清、透明,气香味浓,无苦涩味,呈橙黄色、琥珀色或棕红色。

2.烹饪运用 鱼露的烹饪运用与酱油相似,有起鲜、增香、调色的作用。鱼露既可与成熟后形态较小的原料调拌成菜,又可用于炒、爆、熘、蒸、炖等多种普通技法的调味,还是煎、烤类菜肴的蘸料。鱼露也可兑制鲜汤和用作煮面条的汤料;民间还常用其腌渍鸡、鸭等肉类。鱼露参与调味的菜肴有鱼露炒芥蓝、铁板鱼露虾、菠萝鸡、白灼响螺片等。

菌油

(四)菌油

菌油是用鲜菌和植物油混合炼制而成的鲜味调味品。所使用的鲜菌有松乳菇、鸡枞、平菇、金针菇等。具体加工方式如下：先将鲜菌清洗干净，腌渍片刻，倒入热油中，用小火炒制，并添加适量食盐、酱油、姜、花椒、陈皮等调味品，经 10～20 min 至鲜菌变色萎缩，离火冷却即成。名品有湖南长沙特产寒菌油、湖南洪江菌油、四川西昌鸡枞油等。

菌油的鲜味极强，可用于烧、炖、炒、焖、拌等制作的菜肴中，如菌油煎鱼饼、菌油烧豆腐都是颇具特色的菜品；也可在食用面条、米粉时淋上菌油提鲜增香。

六、香味调味品

香味调味品是指可以增加菜肴的芳香，去掉或减少腥膻味和其他异味的一类调味品。香味在烹饪中不能独立存在，需要在咸味或甜味的基础上才能表现出来。

(一)八角

八角又称大料、大八角、八角香、八角珠等。八角最早被发现于广西西部山区，我国栽培和利用八角已有四五百年的历史。八角按采收季节可分为秋八角和春八角两种，主产于我国西南及广东、广西等地。

1. 品质鉴别　优质八角个大均匀，色泽棕红，鲜艳有光泽，香气浓郁，干燥完整，果实饱满，无霉烂杂质，无脱壳籽粒。

2. 烹饪运用　八角既可用来腌渍动、植物性原料（如腌牛肉、腌排骨、腌大头菜等），又适宜用卤、酱等烹饪方法制作宴席冷菜（如酱牛腱、卤素鸡等），还可用于烹饪腥膻味、异味较重的动物性原料（如烧羊肉、葱扒鸭等），其目的是去除异味、增添芳香、调剂口味、增进食欲。八角还是加工五香粉、五香米粉的重要原料。

八角

茴香

(二)茴香

茴香又称小茴香、小茴等。茴香干燥后的果实呈长椭圆形，两端稍尖，形似稻粒，每年 9—10 月成熟，在我国主要分布于山西、甘肃、辽宁、内蒙古等地。

1. 品质鉴别　优质茴香颗粒均匀，干燥、饱满，色泽黄绿，气味香浓，无杂质。

2. 烹饪运用　茴香在烹饪中是用于卤、酱、烧及火锅的调香原料，在菜肴中主要起增加香味、去除异味的作用。茴香在应用时要用纱布包裹，避免黏附原料，影响菜品质量。

(三)桂皮

桂皮又称肉桂、玉桂、牡桂、菌桂、筒桂、紫桂等。桂皮一般呈半槽状、圆筒状、板片状三种形

Note

态。桂皮主产于我国广东、广西、浙江、安徽、四川、湖南、湖北等地。

1.品种　桂皮品种有筒桂、厚肉桂、薄肉桂三种。筒桂为嫩桂树的皮,质细、清洁、甜香、味正,呈土黄色,质量最好,可切碎用作炒菜调味品;厚肉桂皮粗糙,味厚,皮呈紫红色,炖肉用最佳;薄肉桂外皮微细,肉纹细、味淡、香味少,表皮发灰,里皮红黄色,用途与厚肉桂相同。

2.品质鉴别　优质桂皮皮细肉厚,表面呈土黄色,内面呈暗红棕色,断面呈紫红色,油性大,香气浓郁,干燥、无霉烂。

3.烹饪运用　桂皮的香气可使肉类菜肴去腥解腻,增进食欲。桂皮常用于卤、酱、烧、煮等方法制作的菜肴中及对腥膻味较重的原料进行调味,也是制作五香粉的主要成分之一。

桂皮

丁香

(四)丁香

丁香又称丁子香、支解香、公丁香等。丁香有公母之分,母丁香为丁香的成熟果实,又名鸡舌香;公丁香只开花不结果,采花干制为丁香。丁香原产于马来群岛及非洲,在我国广东、海南、广西、云南等地分布较多。

1.品质鉴别　优质丁香个大均匀,色泽棕红,油性足,粗壮质干,无异味,无杂质,无霉变。

2.烹饪运用　丁香常用于卤、酱、烧、烤等方法制作的菜肴中,主要用于畜禽类菜肴的腌渍调味及加热调味;亦可应用于炒货、蜜饯等食品的调味。但在烹饪中应控制丁香的用量,否则味苦。

七、苦味调味品

(一)陈皮

陈皮又称橘皮、橘子皮、黄橘皮、广橘皮、新会陈皮、柑皮等。陈皮分普通陈皮和广陈皮两种,只有晒三年以上的才能称为陈皮。陈皮主产于我国浙江、广东、福建等地,其橘树普遍栽培于丘陵、低山地带以及江河湖泊沿岸或平原。

陈皮

1.品质鉴别　优质陈皮皮薄、片大,色棕红,油润,干燥,无霉斑,香气浓郁。

2.烹饪运用　陈皮多用于烧、炖、焖、煨等方法烹制的动物性原料菜肴中,有增香添味、去腥解腻的作用。因陈皮有苦味,食用时应控制用量,以免影响菜品风味。陈皮参与调味的菜肴有陈皮羊肉、陈皮牛肉、陈皮兔丁、陈皮鸡翅、陈皮老鸭煲等。

(二)草果

草果又称草果仁、草果子、老蔻等。草果通常在秋季果实成熟并呈红褐色时采收,除去杂质,经过晒干或低温干燥而成。草果主要分布于我国广西、贵州和云南等地。

1.品质鉴别 优质草果个大、饱满,质地干燥,香味浓郁,表面呈红棕色。

2.烹饪运用 草果气味芳香,常用于制作卤水,也用于炒菜、火锅、卤菜之中;食用时将其拍松,然后用纱布包扎放入汤中,有增香、去腥的作用。草果参与调味的菜肴有草果牛肉、姚安封鸡等。

草果

豆蔻

(三)豆蔻

豆蔻又称肉果、玉果等。豆蔻有肉豆蔻、草豆蔻两种。肉豆蔻外形呈卵形、球形或椭圆形,外表为灰棕色或棕色,粗糙,有网状沟纹,一侧有明显的纵沟,宽端有浅色圆形隆起,狭端有暗色凹陷,质坚硬。草豆蔻形态呈圆球形或椭圆形,质坚硬,外表为灰白色或灰棕色,中间有白色隔膜分成瓣,每瓣有数十粒种子紧密相连,果背稍隆起,切开后内面为灰白色。豆蔻主产于马来西亚、印度尼西亚,我国广东、广西、云南也有栽培。

1.品质鉴别 优质豆蔻个大、饱满,质地坚实,干燥,气芳香强烈,味辣而微苦。

2.烹饪运用 豆蔻一般与其他香料混合使用,多用于制作卤、酱、烧、煮、炖、焖等方法烹制成的菜肴,具有去异味、增辛香的作用。但是,烹饪时应控制豆蔻的用量,以免苦味过重,影响菜品风味。豆蔻还是咖喱粉等一些复合调味品的配制用料。

在西餐中,豆蔻主要用于调肉馅,调制红肠,以及用作西点和土豆类菜肴的调味品,也可用于以鲜奶油、牛奶、鸡蛋为主的甜点及菜肴中。

任务 3

调味品类原料的品质鉴别与储存

一、调味品类原料的品质鉴别

(一)碘盐

合格碘盐:外包装色泽洁白;包装袋两侧平展,没有对折痕迹;防伪标识均在同一位置,十分有规律;包装精美,字迹清晰,封口整齐、严密;包装袋上、下封口都是一封到底,中间没有缝隙,且边缘锁牙(即封口处胶袋边缘的齿状)很规则。将盐撒在切开的土豆切面上,显示出蓝色,颜色越深,表示含碘量越高。优质碘盐手捏松散,颗粒均匀,无臭味,鲜味醇正。

掺假碘盐:外包装有淡黄色、暗黑色等异色,并且不够干爽,易受潮;包装袋均有明显或不明显的对折痕迹,齿印很明显;防伪标识贴得不规律;外包装字迹模糊,手搓即掉,包装简单,不严密,封口不整齐。将盐撒在切开的土豆切面上,无颜色反应。掺假碘盐手捏成团,不易散,因掺有工业含碘废渣而有氨味,口尝时咸中带涩。

(二)味精

合格味精:洁白如雪,呈晶体状,光亮透明,颗粒细长。取少许味精放在舌头上,如果是合格味精,舌头会感到冰凉,且味道鲜美。

掺入石膏的味精:呈齿白色,不透明,无光泽,颗粒大小不均匀。取少许味精放在舌头上,若掺了石膏,则有冷滑、黏糊之感。

掺入食盐的味精:呈灰白色,无光泽,颗粒较小。取少许味精放在舌头上,若掺了食盐,则会感到有咸苦味。

掺入面粉或淀粉的味精:可随面粉或淀粉色泽的不同而发生变化,无光泽,带有杂物,手触有光滑感。取少许味精含在口中,会有黏糊感;还可取少许味精,加一些水,加热溶解,冷却后,加入一两滴碘酒,若有淀粉掺入,则呈现蓝色或紫色。

(三)八角

合格八角:瓣角整齐,一般为八个角,瓣纯厚,尖角平直,蒂柄向上弯曲。味甘甜,有强烈而特殊的香气。

假八角:多以莽草果充当,瓣角不整齐,大多为八个角以上,瓣瘦长,尖角呈鹰嘴状,外表极皱

缩,蒂柄平直;味稍苦,无八角特有的香气。取少许粗粉加 4 倍量的水,煮沸 10 min,过滤后加热浓缩,八角溶液呈棕黄色,莽草果溶液呈浅黄色。

(四)辣椒粉

合格辣椒粉:呈深红色或红黄色,粉末均匀,有辣椒固有的香辣味;加热灼烧至冒烟时,发出浓厚的呛人气味,闻之咳嗽、打喷嚏。将粉末置于饱和食盐水中,辣椒粉因相对密度小而浮于水面上;辣椒粉能溶于石油醚中而呈现红色。

掺假辣椒粉:含有麸皮、玉米粉、干菜叶粉、红砖粉、合成色素等。加有麸皮等杂物的辣椒粉一般颜色深浅不均匀,闻之辣味不浓,加热灼烧至冒烟时,只见青烟,呛人的气味不浓;将粉末置于饱和食盐水或石油醚中,红砖粉因相对密度大而沉于水底,或石油醚层无色,颜色很淡。

(五)花椒粉

合格花椒粉:呈棕褐色,颗粒状,具有花椒粉固有的香味,品尝时有花椒味,舌头有发麻的感觉。

掺假花椒粉:含有麸皮、玉米面等。多呈土黄色,粉末状,有时霉变、结块,花椒味很淡,口尝除舌尖有微麻的感觉外,还带有苦味。可用碘酒鉴别是否掺入了淀粉类物质。

(六)胡椒粉

合格白胡椒粉:不掺任何辅料,手感微细,颗粒均匀,呈黄灰色或浅黄色;口感辛辣醇正,香气浓郁。

掺假白胡椒粉:用少量白胡椒粉掺和低价辛辣调味品或辣味调味品的下脚料及麸皮等混合而成。无微细颗粒感,粗细不均;口感极辣,味道不正,无香味。

合格黑胡椒粉:呈灰褐色,有香辣味。取少许加水煮沸,上层液呈褐色,下层有棕褐色颗粒状沉淀。

掺假黑胡椒粉:呈黑灰色,辣味刺鼻。取少许加水煮沸,上层液呈淡褐色,下层有黄橙色或黑褐色颗粒状沉淀。可用碘酒鉴别是否掺入了淀粉类物质。

二、调味品类原料的储存

为了使菜肴符合要求,必须注重调味品的储存,使之保持良好品质,便于烹调。如果盛装容器不当、储存方式不妥,则可能导致调味品变质或串味,严重影响烹饪效果,以致菜肴质量低下,风味全无。

(1)调味品的种类很多,有液体、固体,还有易于挥发的芳香物质,因此必须重视器皿的选择。有腐蚀性的调味品,应该选择玻璃、陶瓷等耐腐蚀的容器;含挥发性的调味品,如花椒、八角等应该密封保存;易潮解的调味品,如食盐、食糖、味精等应该选择密闭容器。碘盐中的碘元素化学性质极为活泼,遇高温、潮湿和酸性物质易挥发,所以在储存、使用碘盐时需要注意。

(2)环境温度和湿度要适宜,如葱、姜、蒜等,温度高易发芽,温度太低易冻伤。温度过高,糖易溶化,醋易变混浊。湿度太高,会加速微生物的繁殖,酱、酱油易生霉,也会加速食糖、食盐等调味品的潮解;湿度过低,葱、姜等调味品会大量失水,易枯萎变质。姜多接触日光易发芽,香料多接触空气易散失香味等。

(3)应掌握先进先用的原则。调味品一般不宜久存,所以在使用时应先进先用,以避免储存过久而变质。虽然少数调味品如料酒等越陈越香,但开启后也不宜久存。有些兑汁调味品若当天未用完,要放进冰箱,第二天重新煮开后再使用。香糟、切碎的葱花、姜末等要根据用量加工,避免一次性加工太多而造成变质浪费。

 **课后练习**

简答题

1.调味品的分类有哪些?

2.调味品储存的注意事项有哪些?

在线答题

[1]　苏爱国.烹饪原料与加工工艺[M].重庆:重庆大学出版社,2015.

[2]　杨正华.烹饪原料[M].北京:科学出版社,2012.

[3]　赵廉.烹饪原料学[M].北京:中国纺织出版社,2008.

[4]　王克金.烹饪原料加工技术[M].北京:北京师范大学出版社,2010.

[5]　王向阳.烹饪原料学[M].2版.北京:高等教育出版社,2009.

[6]　孙一慰.烹饪原料知识[M].2版.北京:高等教育出版社,2010.

[7]　崔桂友.烹饪原料学[M].北京:中国商业出版社,1997.

[8]　阎红.烹饪原料学[M].北京:旅游教育出版社,2008.

[9]　王兰.烹饪原料学[M].2版.南京:东南大学出版社,2015.

[10]　冯胜文.烹饪原料学[M].上海:复旦大学出版社,2011.

[11]　冯玉珠,陈金标.烹饪原料[M].北京:中国轻工业出版社,2009.

[12]　霍力.烹饪原料学[M].北京:旅游教育出版社,2012.

[13]　董道顺.烹饪原料[M].北京:中国人民大学出版社,2015.

[14]　阎红,王兰.中西烹饪原料[M].2版.上海:上海交通大学出版社,2014.

[15]　钱小丽.烹饪原料学[M].上海:上海交通大学出版社,2022.